やさしくわかる!

JN084767

文系のための東大の先生が教える宇宙の終わり

監修 横山順一
東京大学大学院教授

はじめに

新型コロナウイルスの蔓延やウクライナでの戦乱などによって，世界はすっかり変わってしまいました。今まで当たり前だったことが，そうでなくなってしまい，すっかり生き辛い世の中になってしまいました。

こうした日々の生活からはなれて，たまにはふだんとまったくちがった，気宇壮大なことに思いを馳せてみよう――。そして，**宇宙のように，こんなに大きくてずっと変わらないと思っていたものにさえ終わりがあるのだ，ということに触れることによって，私たちの身の回りには，ずっと変わらないものなどどこにもないのだ，ということを感じ取ってみよう――。**私たちはこのような願いを込めてこの本をつくりました。

いずれの可能性を取るにせよ，宇宙の終わりは悲惨です。しかし心配にはおよびません。人間の時間とは桁ちがいに長い時間をかけておこることだからです。むしろ，こうした未来に起こることを，観測事実と現代物理学の理論によって予測できるというのは素晴らしいことではありませんか。

現在，私たちは望遠鏡を使ってかなり遠くの銀河まで観測することができ，それによって宇宙の性質を知り，その未来を予測できるようになっています。**しかし，このままでいくと，加速している宇宙膨張によって，一千億年後には全ての銀河はどんな望遠鏡を使っても見えない彼方に遠ざかってしまいます。そのような遠い未来に生きる人びとは，どんなに文明が発達していたとしても，宇宙の本当の姿を知ることはできないのです。**

そう考えると，実は私たちは幸せな時代に生きているのだ，ということになります。不思議ですね。

監修
東京大学大学院理学系研究科附属ビッグバン宇宙国際研究センター教授
横山 順一

目次

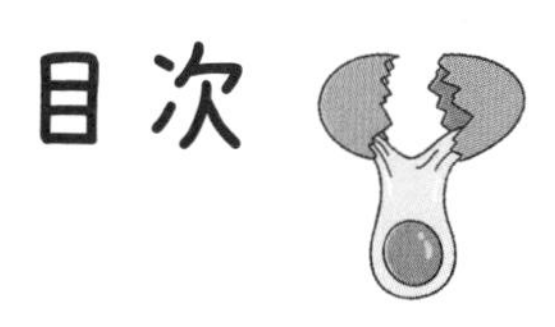

0時間目 プロローグ

STEP 1

宇宙には，いつか「終わり」がくる

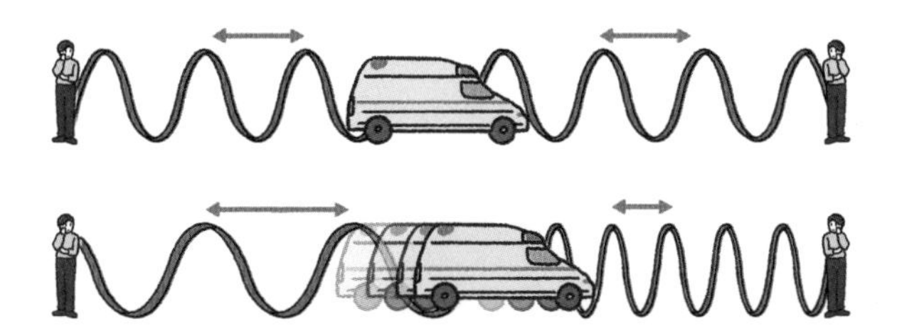

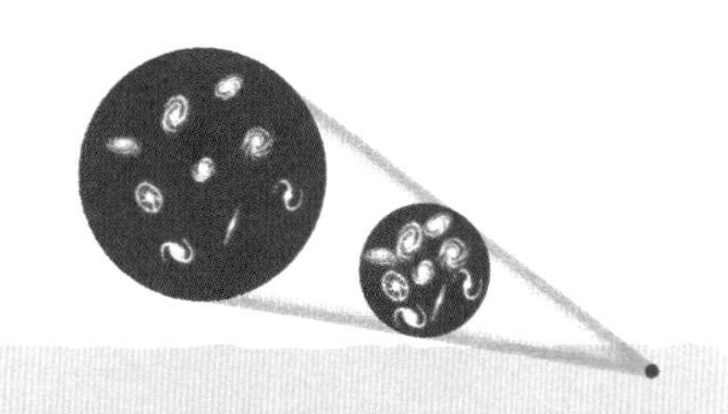

1 時間目 「終わり」を考えるための宇宙の「はじまり」

STEP 1

宇宙は無から生まれた

2時間目 天体時代の終わり

STEP 1

地球と太陽の死

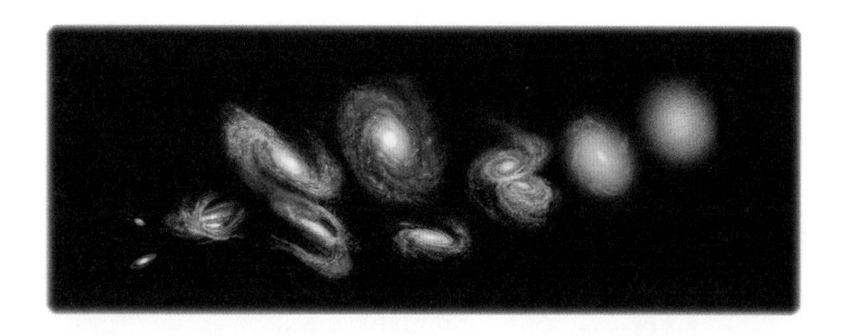

STEP 2

星と銀河の終わり

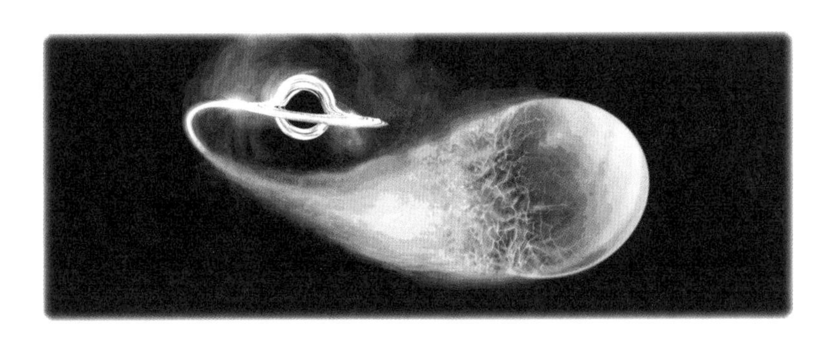

3時間目 宇宙の終わり

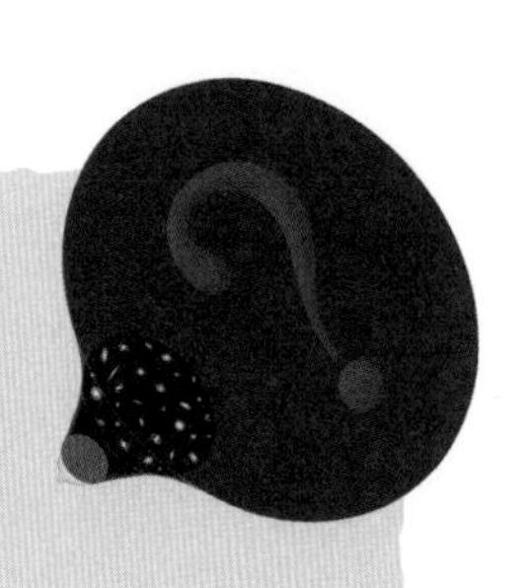

STEP 1

宇宙の最期，三つのシナリオ

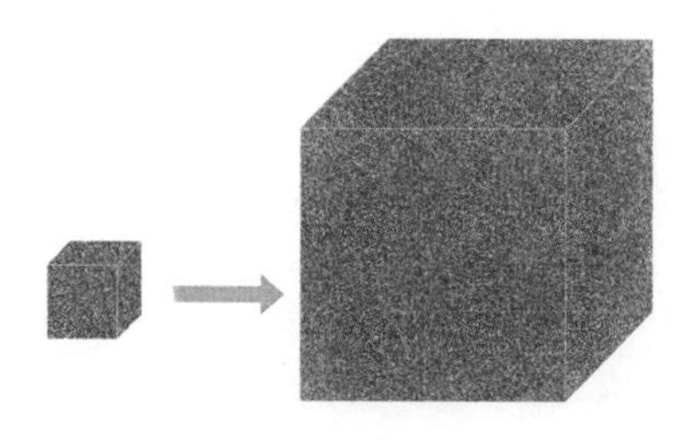

STEP 2

第4のシナリオ，宇宙の突然死

STEP 3

宇宙の終わりを占う最新研究

とうじょうじんぶつ

横山順一先生

東京大学で宇宙論を
教えている先生

文系会社員（23歳）
理系分野を学び直そうと奮闘している。

0 時間目

プロローグ

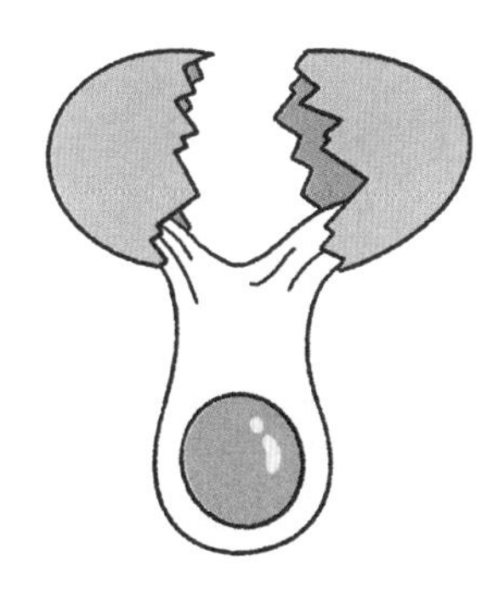

STEP 1

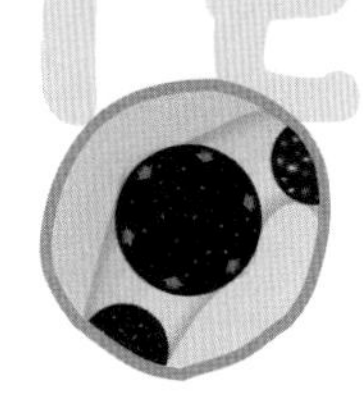

宇宙には，いつか「終わり」がくる

宇宙は永遠に続くのでしょうか？　最新科学によると，残念ながら宇宙にはやがて「終わりがくる」といいます。宇宙は，いつ，どのような終焉をむかえるのでしょうか？

138億歳の宇宙は，まだまだ赤ん坊

先生，私この前キャンプに行ったんですよ。割と標高の高いところにあるキャンプ場だったんですけど，もう星空がすごくて！　**天の川**がくっきり見えて，素晴らしかったです。仕事の納期のこととか，取引先の人に失礼なことしちゃったこととか，上司に叱られたこととか，いろんなことがすごくちっぽけに思えてしまって。

ハハハ！
それはいい気分転換になりましたね。

ええ，あんなにじっくりと星空をながめたのははじめてでした。宇宙って，最初はどんな感じだったんでしょうね？　何もないところに星がポツポツと生まれてきたんだろうか……，だとしたら宇宙は最初空っぽの真っ暗な空間だったのかな？　とふと思ったりして。
そもそも，この宇宙はいつ，どうやって生まれたんだろう，とか。

なるほど。宇宙についての想像をかきたてられたのですね。宇宙はいつ，どうやって生まれたのか，ということですが，まず，われわれ**人類**はどれぐらい前に誕生したのかはご存じですか？

何かで読んだことがあります。
たしか**20万年前**じゃなかったですか？

その通りです。人類（ホモ・サピエンス）は，約20万年前，アフリカ大陸で誕生したと考えられています。

私は今23歳ですけど，20万年前と聞くと，私は人類の歴史の中のほんの少ししか生きてないんですねえ。

ふふふ，その通りですね。
宇宙のスケールで考えてみると，その20万年などもほんの一瞬にすぎません。

なぜなら，この**地球**や**太陽系**が誕生したのが，今から**約46億年**も前のことなのですから。

わーっ！　それじゃ，宇宙そのものはもっと前に存在していることになりますね。

その通りです。
宇宙が誕生したのは，実に，約138億年も前なんです。

138億年!?
20万年が吹き飛びました。

それから，「宇宙がどうやって生まれたのか」，ということでしたが，**宇宙がどのように誕生したのかはまだ解明されていないのです。**

こんなにさまざまな科学技術が進歩した現在もなお，謎，なわけですか。

はい。
ですが，最近の研究では，宇宙は誕生したときは原子よりも小さくて，誕生の直後に**インフレーション**とよばれる急激な膨張を経験したと考えられています。
インフレーションは，光速をこえる速さで広がる，猛烈な空間の膨張です。

宇宙って，そんなにちっちゃかったんですか？
しかも光速をこえるスピード，って！

インフレーションをおこした宇宙
生まれた瞬間の小さな宇宙

すさまじいでしょう。
インフレーションが終わった瞬間，光と物質が誕生し，宇宙は今度は灼熱の火の玉と化しました。
これが**ビッグバン**です。

うわ〜！
ほとんど見えないくらいの小さいものが光をこえるスピードでふくらんで，物質と光が生まれて火の玉になるだなんて……。

その後，宇宙はゆるやかな膨張を続け，徐々に冷えていきました。
この段階では，宇宙には天体とよべるものはなく，ガス（主に水素）が存在するだけの世界でした。

へえぇ〜……。
最初は，霧深いような，モヤッとした空間だったわけなんですね。

ええ。太陽のような**恒星**（自分自身で輝く星）や，恒星が集まった**銀河**が形成されるのは，宇宙誕生から**数億年後**のことになります。
20〜21ページに，宇宙の138億年の全歴史を大まかにまとめましたから，見てみてください。

宇宙の歴史って面白そう。
ちょっと興味がわいてきました。

灼熱状態の宇宙

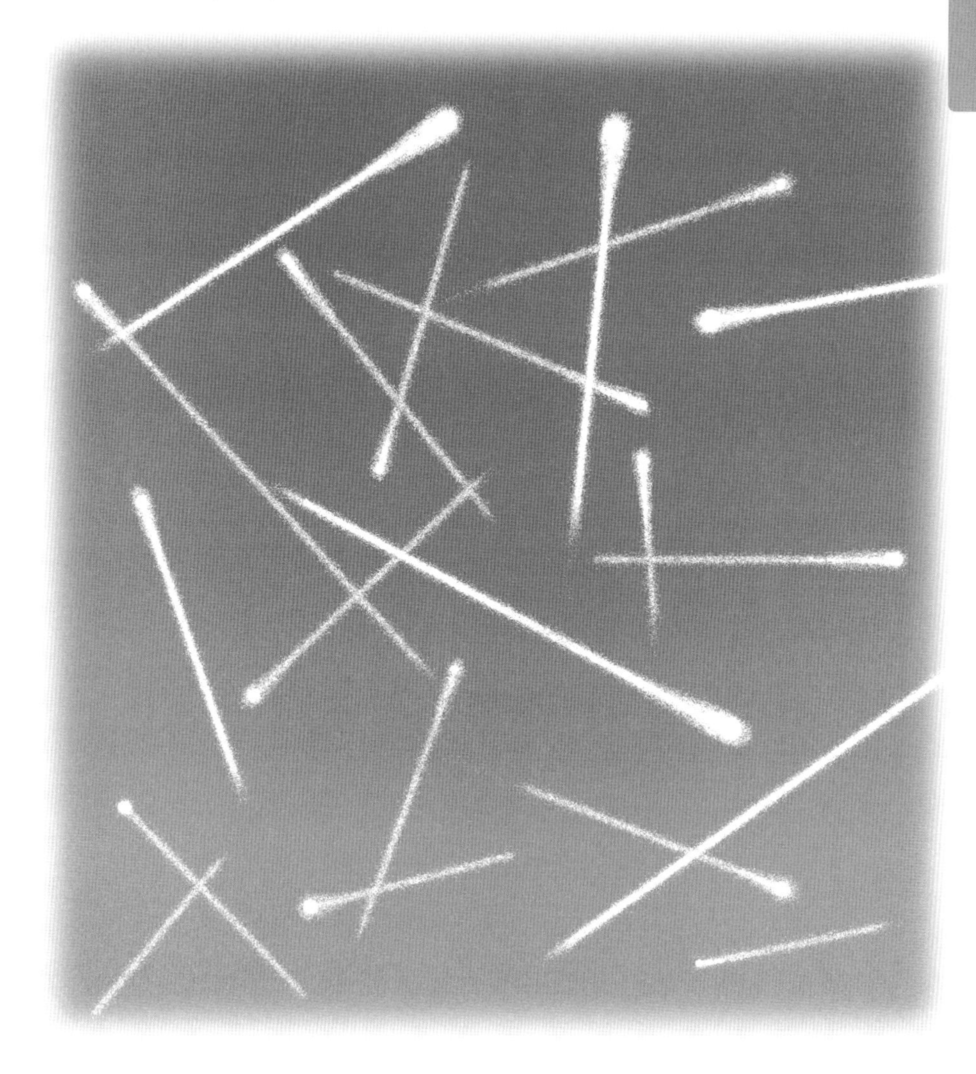

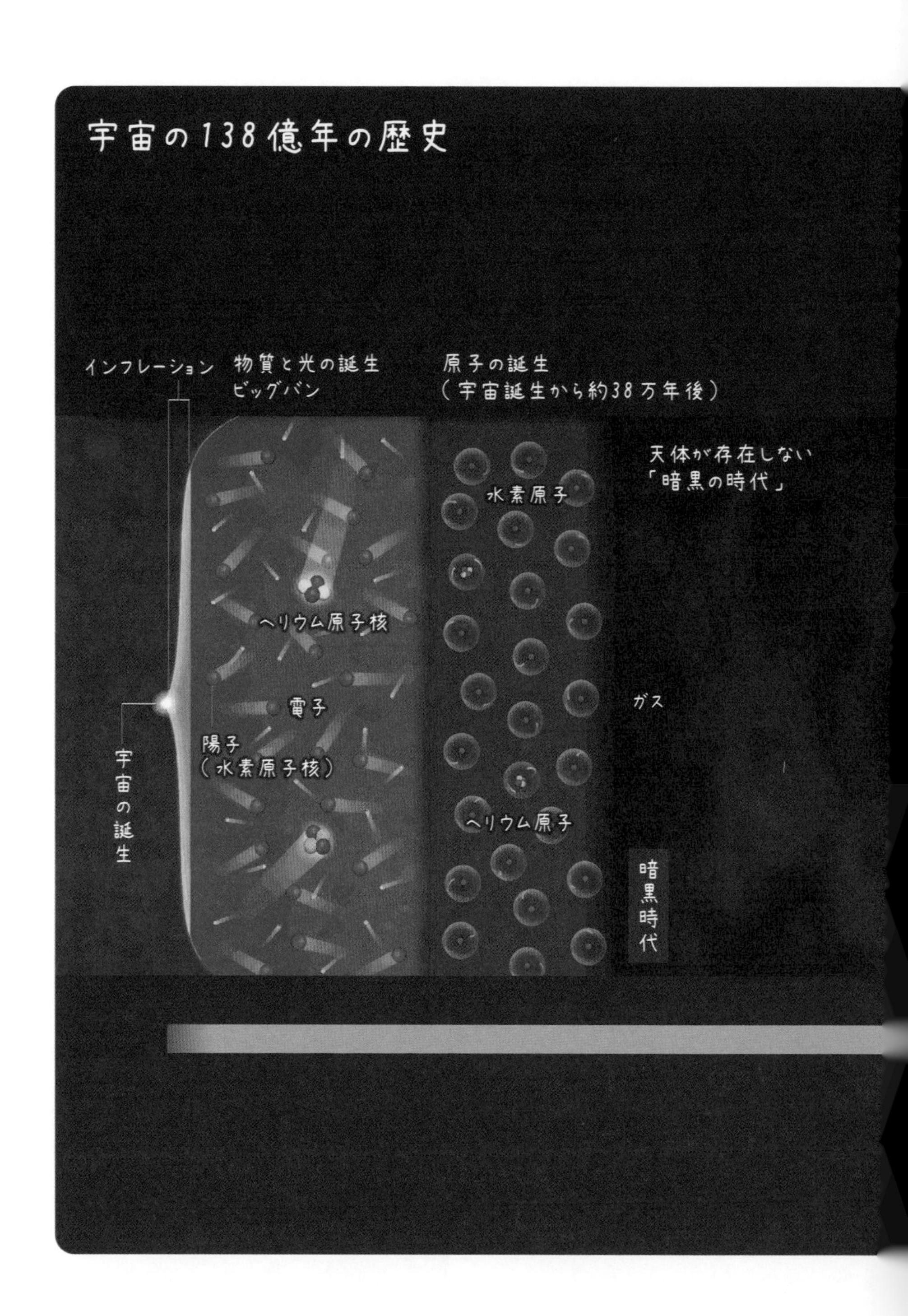
宇宙の138億年の歴史
インフレーション
物質と光の誕生
ビッグバン
原子の誕生
（宇宙誕生から約38万年後）
天体が存在しない
「暗黒の時代」
水素原子
ヘリウム原子核
電子
陽子
（水素原子核）
宇宙の誕生
ガス
ヘリウム原子
暗黒時代

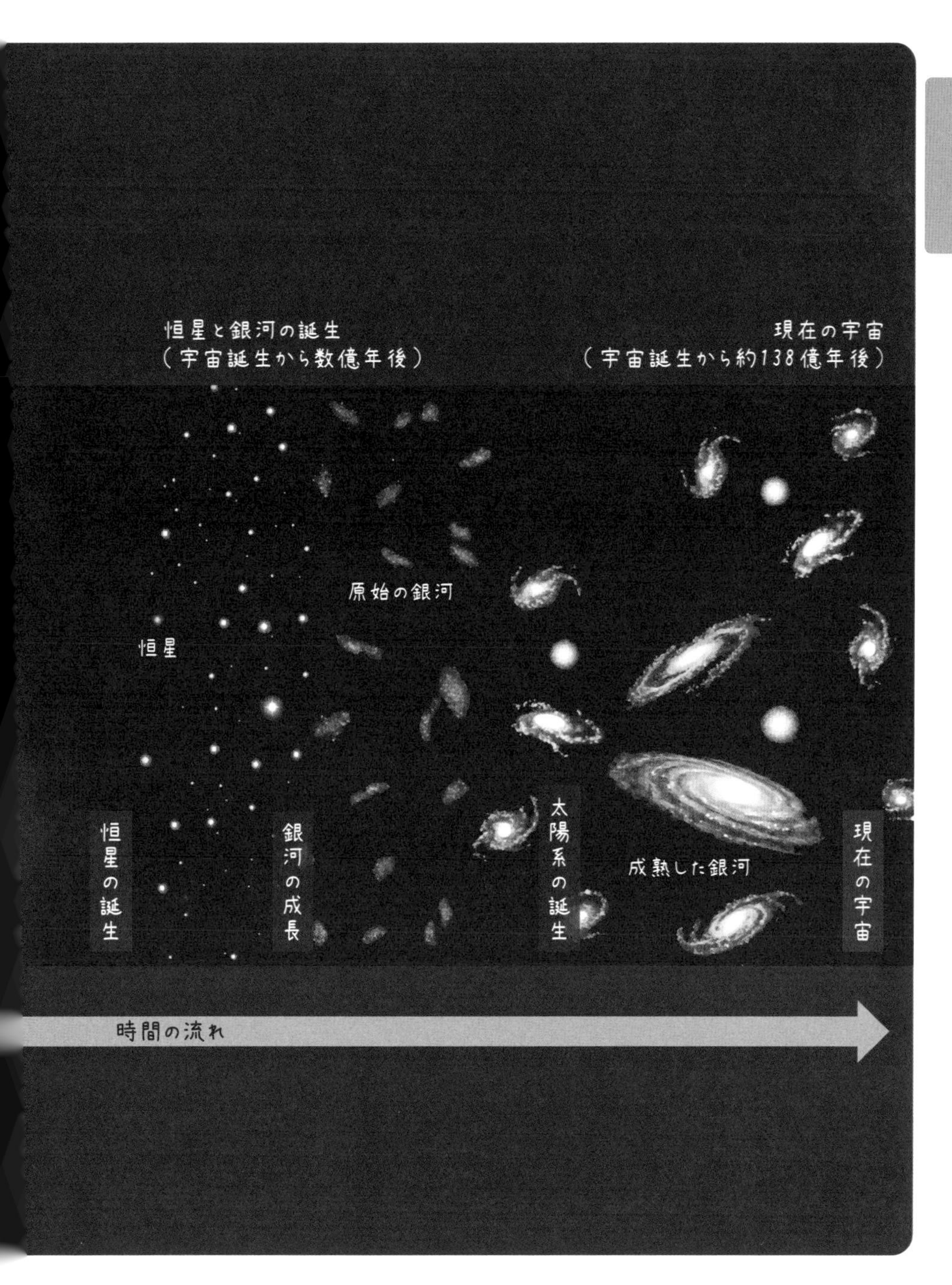
恒星と銀河の誕生
（宇宙誕生から数億年後）
現在の宇宙
（宇宙誕生から約138億年後）
原始の銀河
恒星
恒星の誕生
銀河の成長
太陽系の誕生
成熟した銀河
現在の宇宙
時間の流れ

現代の物理学では，宇宙の誕生からさらに進み，宇宙の“未来”を予測しようと努力を重ねています。
そして，宇宙の終わりについてもさまざまな可能性が提案されています。

宇宙の，終わり？

はい。「宇宙の終わり」は，今までの138億年すらも一瞬に思えるほど遠い遠い将来のお話です。たとえば，約10兆年後，宇宙には輝く星がなくなってしまうと考えられています。

10兆年後!?

はい。そして宇宙自体が“終わり”をむかえるのは，この10兆年すらも一瞬に思えてしまうような，さらに遠い遠い将来のことになります。

ふえ〜（遠い目）。
138億年が一瞬，10兆年も一瞬……。
輝く星がなくなる……。
先生，宇宙って途方もないですね。宇宙についてもっと知りたいです。ぜひ，教えてください！

わかりました。それではこれから，はるかかなたの「宇宙の終わり」までの旅にご案内しましょう。
それはそれはおどろきの連続だと思いますよ。

よろしくお願いします！

さまざまな宇宙最期のシナリオ

宇宙の未来についてのいくつかの説をざっとご紹介しましょう。いろいろな説がありますが，少なくとも，地球を明るく照らしてくれている**太陽**の最期については，ほぼ統一的な見解が出されています。太陽は将来，どんどん大きくなっていき，惑星たちを飲み込み，そしてその後，燃えつきて，死をむかえると考えられています。

ええ～!?

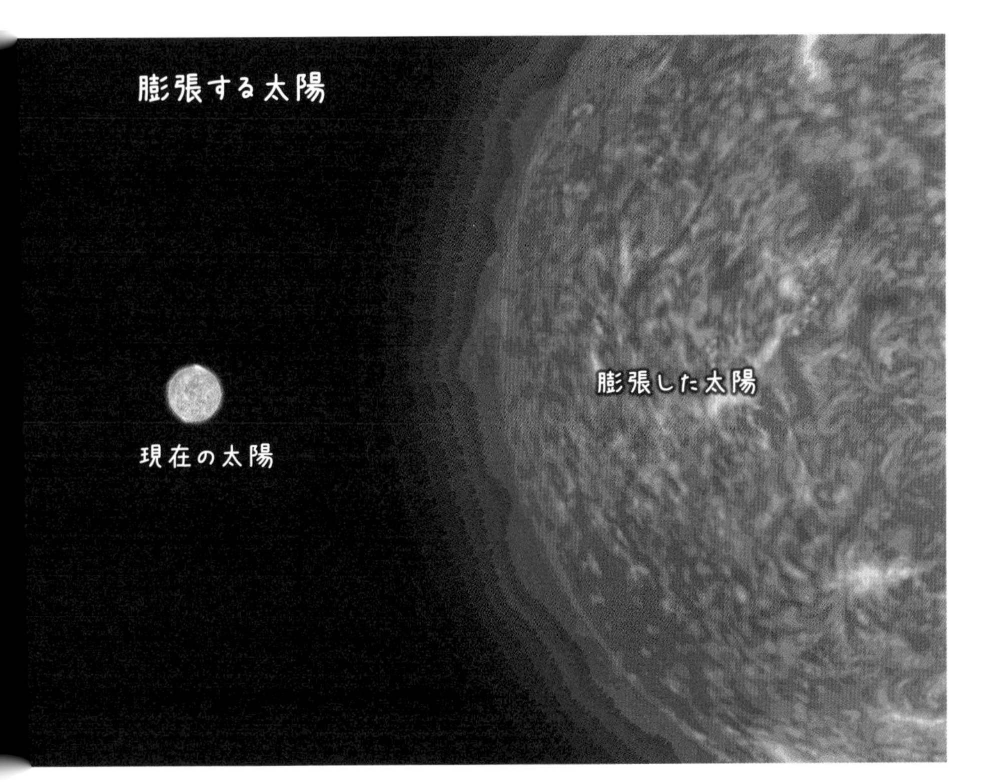

一方，宇宙の終わりについてはまだわかっていないことが多く，いくつかの“シナリオ”が考えられています。現在，最も有力であると考えられているシナリオは，**「宇宙は，ほとんど空っぽになってしまい，何の変化もおきない，さびしい世界になってしまう」**というものです。

空っぽになってしまうんですか。

ええ。恒星も惑星も，もちろん銀河やブラックホール，それどころか，物質を構成するあらゆる粒子さえもなくなってしまうような，“完全なる空っぽ”です。

宇宙はほとんど空っぽになる

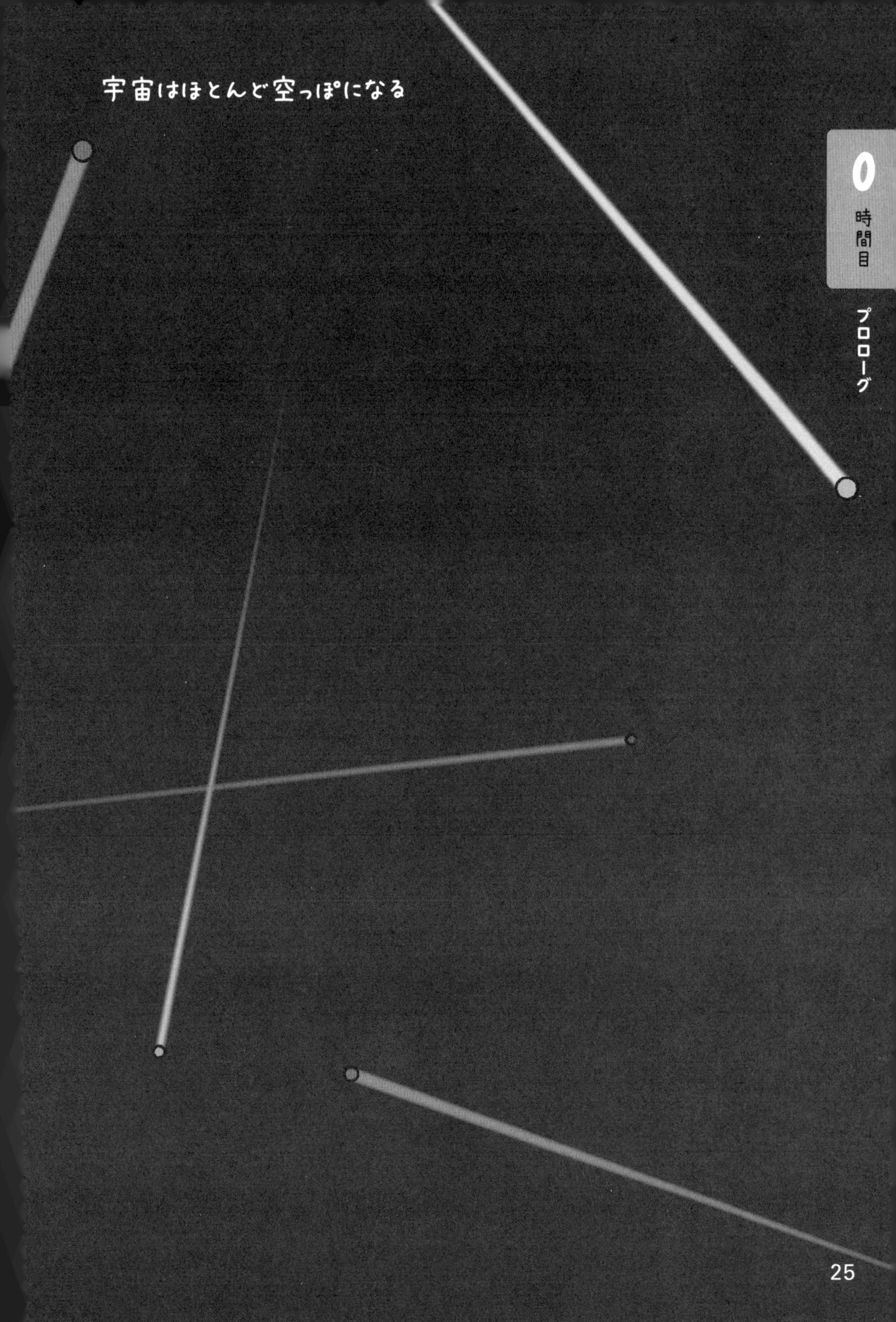

宇宙の終わりには，**ダークエネルギー（暗黒エネルギー）**という謎のエネルギーがかかわっていると考えられています。

何だか，とても暗くておそろしげなイメージです。「ダークエネルギー」だなんて，はじめて聞きました。何ですかそれは？

「ダークエネルギー」とは，宇宙空間にまんべんなく満ちている正体不明のエネルギーで，宇宙空間をいきおいよく押し広げる作用をもつと考えられているんです。

この宇宙を押し広げるだなんて，どんなエネルギーなんですか……。

現代物理学の**最大の謎**ともいわれています。**宇宙の未来を決めるのは，このダークエネルギー，正確にはその密度がどう変化するかです。**ダークエネルギーの密度の変化のしかたによっては，宇宙がほぼ空っぽになって終わる可能性のほかにも，引き裂かれて終わる可能性や，あるいは逆に1点に集中してつぶれてしまって終わる可能性もあります。

引き裂かれるとか，つぶれるとか！
どれもいやですね。宇宙の未来って，どうなっちゃうんだろう？

しかし，これらとはことなる未来を考える物理学者もいます。宇宙の未来の予測については，いまだ混沌とした状況です。これからそれを，一つずつくわしく見ていきましょう。

宇宙を押し広げる謎の物質ダークエネルギー

無から生まれた宇宙は，無に帰るのかもしれない

もしダークエネルギーの密度が極端に減少していったとしたら，宇宙は収縮していき，最終的には，宇宙空間全体が１点につぶれて，終焉をむかえる可能性があります。このような宇宙の終わりは**ビッグクランチ**（Big Crunch）とよばれ，それによって，宇宙は無に帰すことになります。

つぶれて「無」になってしまう！

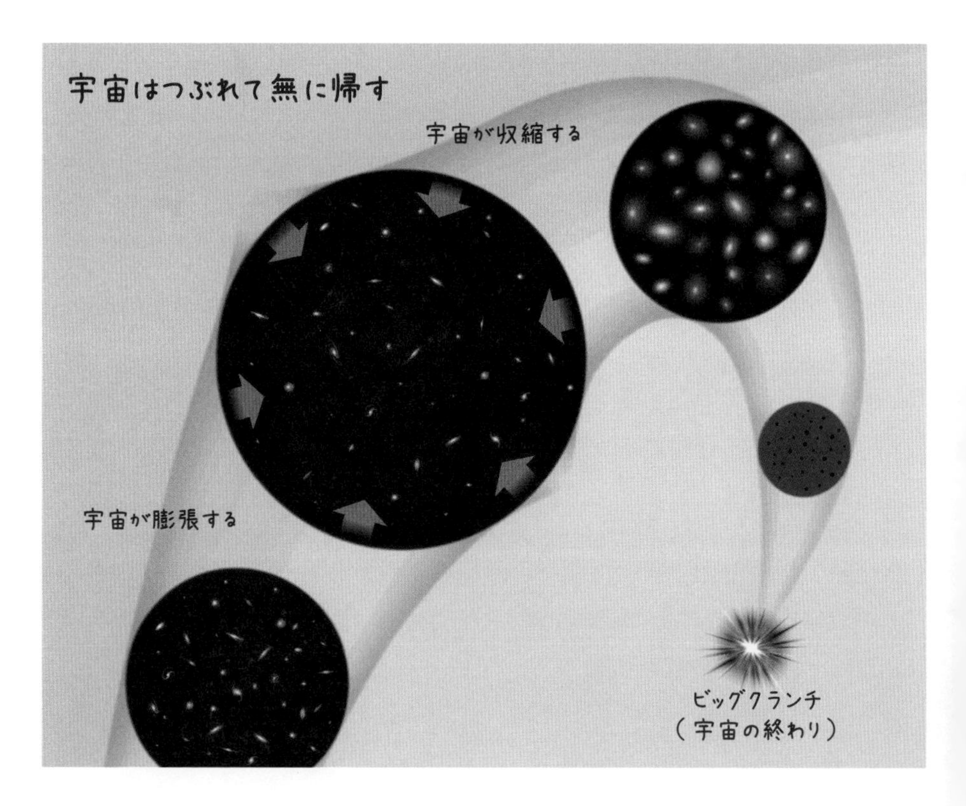

そもそもこの宇宙は，「無から生まれた」という説があります。この，宇宙は無から生まれたという説は，アメリカの物理学者**アレキサンダー・ビレンキン博士**（1949～）が1982年に唱えたものです。

無から有が生まれるなんて，そんなことありうるのですか？　だって，無って，何もないっていうことですよね？

たしかに，無からの宇宙創生は，あくまで仮説にすぎません。ですが，現代の新しい物理理論を用いて考えると，それほど突飛なものではないのです。
ビレンキン博士によると，無の状態では，**宇宙の卵**が生まれては消えているといいます。そしてその中の一つが，私たちの宇宙になったというのです。

えっ，宇宙って卵から生まれたんですか？　そして，無から生まれた宇宙が，やがてまた無に帰すことで終わりをむかえるのかもしれない，なんて。ちょっと不思議すぎて，思考がついていけないのですが……。

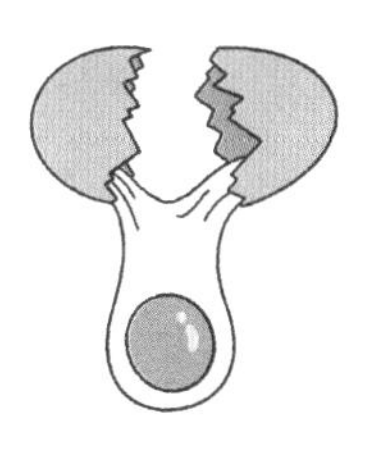

フフフ。面白いでしょう。
この宇宙の終わりについて考えるには，まず宇宙のはじまりについて考える必要があります。このあとの1時間目ではまず，宇宙のはじまりについてお話ししましょう。

宇宙は生まれ変わるのかもしれない

先生，ちょっと考えてみたのですが。
「無から生まれた宇宙」が「無に帰す」とすれば，ひょっとして，またまた宇宙がその無から生まれたり，なんてことはありませんか？

するどいですね！
1点につぶれた宇宙が，そこで“**はね返り**”をおこしてふたたび膨張する，という説もあるんですよ。

宇宙が生まれ変わるってことですか？

ええ。つまり宇宙は，誕生と終焉をくりかえすということです。このように考える理論を**サイクリック宇宙論**といいます。
このほかにも，私たちの宇宙を高次元空間に浮かぶ“膜”だと考える**ブレーンワールド仮説**というものがあります。この仮説の，ある理論では，私たちの宇宙（膜）と別の宇宙（膜）が衝突することで，宇宙の転生がおきると考えます。

暗くておそろしげな未来だけでなくて，何だか明るい未来もあるかもしれないんですね。ちょっと奇妙ですけど。
高次元の膜，とか……。

これらについても，あとからゆっくりお話ししましょう。

このサイクリック宇宙論やブレーンワールド仮説は，現代の最先端の物理理論である**超ひも理論**にもとづいて唱えられたものです。両方とも，宇宙は膨張と収縮をくりかえすという結論になっています。

じゃあ，宇宙って，たとえ終わりがきたとしても，また新しく生まれ変わるかもしれないっていうことですね。

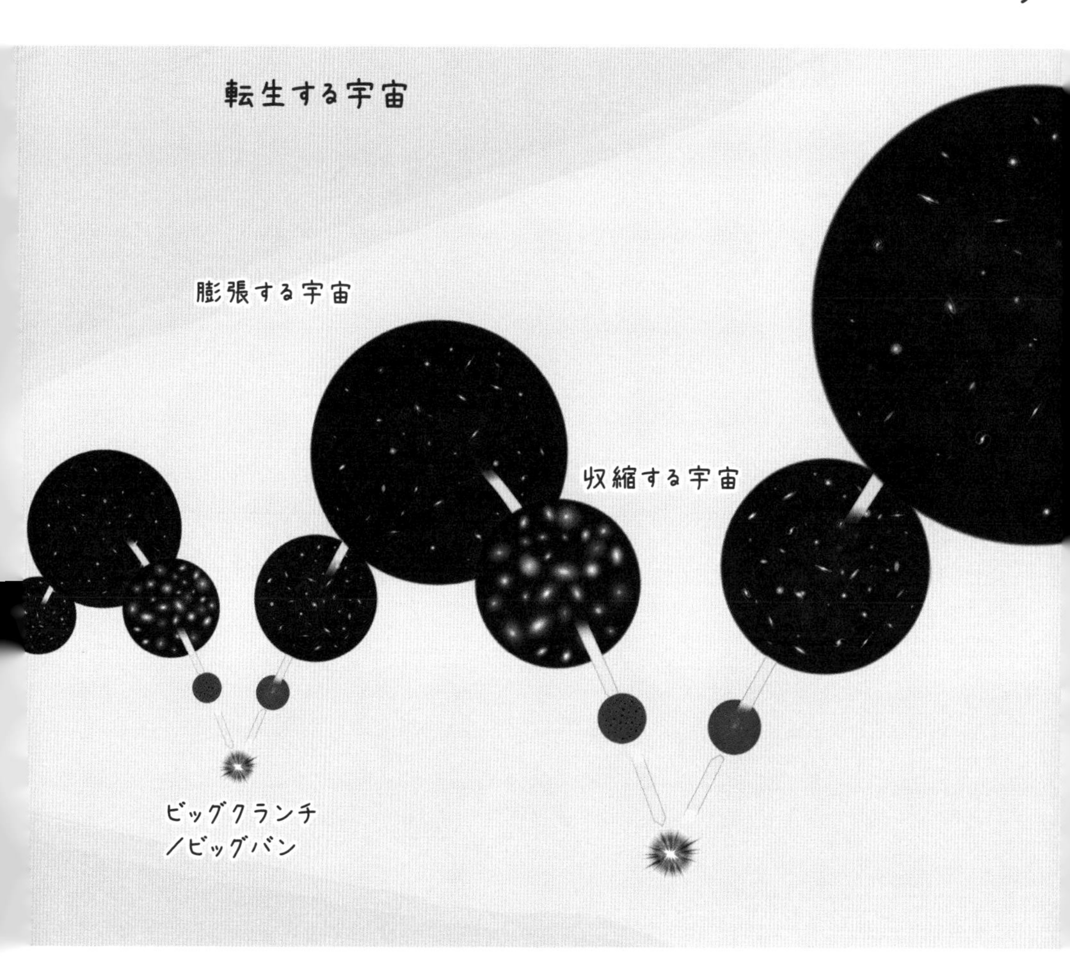

そうですね。
ブレーンワールド仮説では，いったんはなれた膜がふたたび衝突するということを永遠にくりかえすとされています。一方，サイクリック宇宙論では，少なくとも私たちの宇宙は何十回と膨張・収縮をくりかえしていると考えています。つまりこれらの仮説によれば，私たちの宇宙には，**はじまりも終わりもない**ということになります。

永遠に転生をくりかえす宇宙

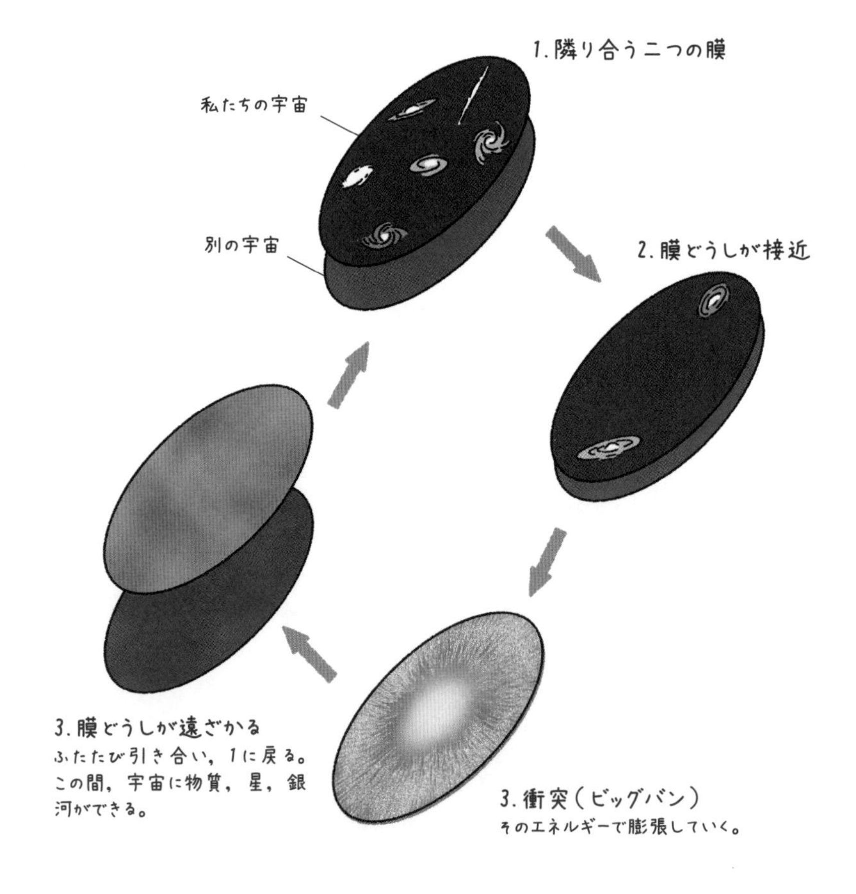

うわぁぁ！
深く考えると，頭がおかしくなりそうです！
でも，何だかちょっとワクワクしてきました。
先生，よろしくお願いします！

いいですね！
それでは，はるかな宇宙の旅を開始しましょう！

1

時間目

「終わり」を考えるための宇宙の「はじまり」

STEP 1 宇宙は無から生まれた

私たちが存在する宇宙は今，どのような状況にあるのでしょう。宇宙の終わりを考える前に，まず，宇宙はどのように誕生したのかを見てみましょう。

宇宙は，永遠に不変ではなかった

「宇宙の終わり」を考える前に，まずは「宇宙のはじまり」を考えてみましょう。

「はじまり」がないと，「終わり」もありませんからね。

そうですね。宇宙の成り立ちについて考える宇宙論（コスモロジー）は，20世紀に大きな成長をとげました。その最も大きな成果は，なんといっても**「宇宙は進化している」すなわち，「宇宙空間そのものも変化している」ことが明らかになったことです。**まず，この「宇宙の進化」について，お話をはじめましょう。
あなたは「宇宙」と聞いて，どのようなイメージをもちますか？

そうですねぇ……，とてつもなく広いっていうことですね。あとは，とても静かで……。あまり大きな変化がない印象です。

たしかに，星空を見上げると，宇宙ははるか昔からそこにあり，時間がたっても変化しないように思えますね。

星座とかは季節ごとに位置が変わりますけど，宇宙自体のかたちはずっと変わりませんから……。

そうですよね。昔の科学者も同じように考えていました。**20世紀のはじめまで，科学者たちは，「宇宙は永遠の昔から存在していて，ほとんど変わっていない」と考えていました。**つまり，星座や惑星の位置が変化することはあっても，宇宙全体が大きく変化することはない，と考えられていたのです。

私もそんな印象をもっています。

20世紀史上最も偉大な物理学者**アルベルト・アインシュタイン**（1879 ～ 1955）も，宇宙は永遠に不変だと考えていました。アインシュタインは，相対性理論という当時の常識をくつがえす理論を唱えた人物です。

アルベルト・アインシュタイン
（1879 ～ 1955）

アインシュタインって，20世紀最大の天才物理学者ですよね。当時はアインシュタインでさえも，宇宙は不変だと考えていたんですねえ。

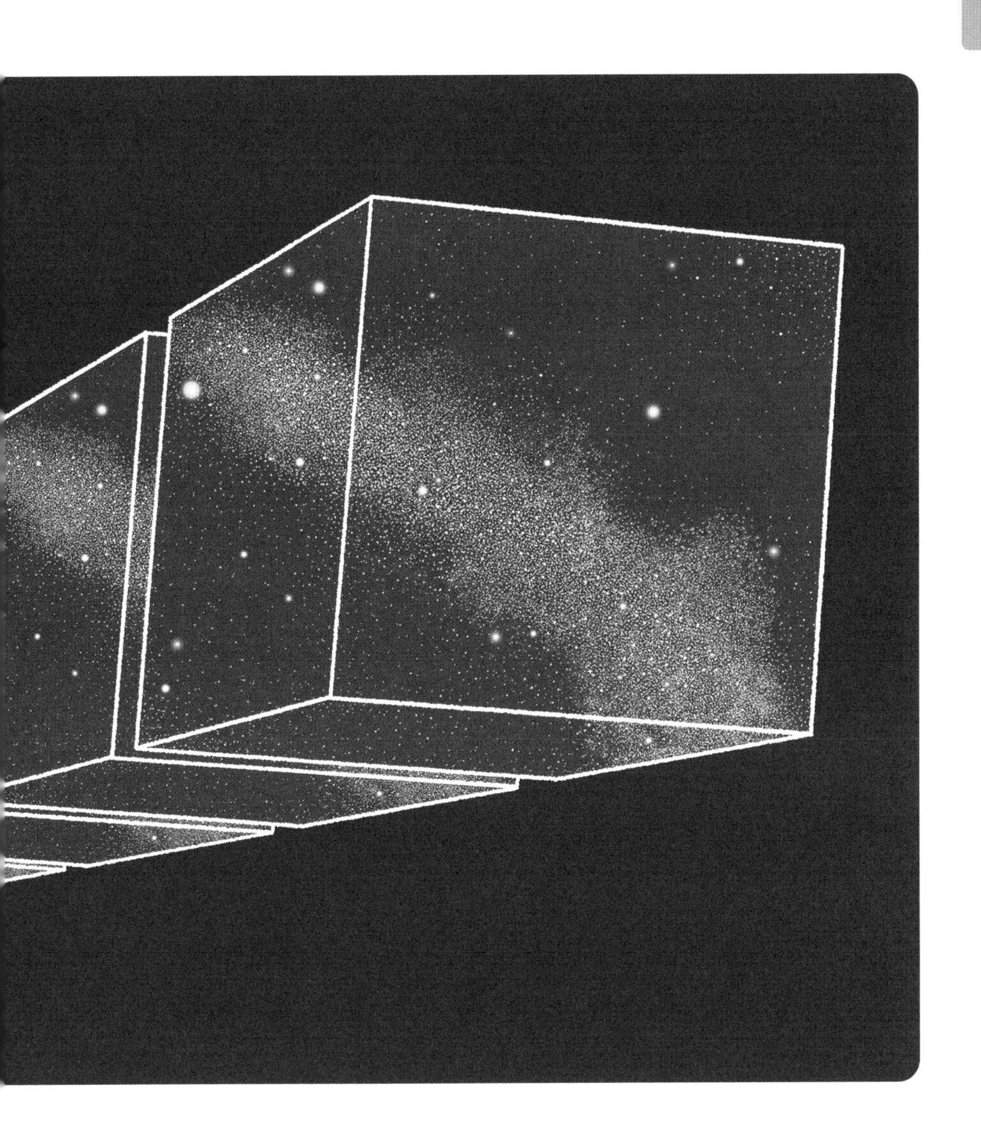

そうですよ。それが当時の常識だったのです。
ところが！ 当時のそんな宇宙観をくつがえす出来事がおこります。1929年に，アメリカの天文学者**エドウィン・ハッブル**（1889～1953）が，観測によって「宇宙は膨張している」ことを明らかにしたのです。また，この発見の2年前には，ベルギーの天文学者・宇宙論学者**ジョルジュ・ルメートル**（1894～1966）も，宇宙は膨張していることを導きだしていました。

エドウィン・ハッブル
（1889～1953）

ジョルジュ・ルメートル
（1894～1966）

宇宙が膨張!?
宇宙は不変なものではないってことですか？

そうなんです。また，実は，ハッブルよりも7年も前に，宇宙は膨張しうることを理論的に導きだしていた科学者もいました。それが，ロシアの科学者**アレクサンドル・フリードマン**（1888～1925）です。フリードマンはさらに，膨張速度をあらわす**フリードマン方程式**もつくりました。そして興味深いことに，ルメートルもフリードマンも，その理論の根拠としたのは，ほかでもない，アインシュタインが発表した**一般相対性理論**だったのですよ。

アレクサンドル・フリードマン
（1888～1925）

え？ “宇宙は不変派”のアインシュタインが考えた理論が，“宇宙は不変じゃない”ことの根拠になっちゃったわけですか？

はい。一般相対性理論は，1915～1916年にかけてアインシュタインが発表した，新しい物理理論です。この理論では，空間は絶対的なものではなく，膨張したり，収縮したり，ゆがんだりすると考えます。もともとは，**重力**の正体にせまるために考えだされたものです。

重力の正体？

はい。それまでの物理理論は，「時間と空間は絶対的なもので，あらゆる現象はその中でおこる」とする，アイザック・ニュートンによる**ニュートン力学**が常識でした。重力も，ニュートンによる**万有引力の法則**（質量をもつものすべては引き合う）で説明されていたのです。

あの，なぜリンゴが木から落ちるのか？ という……。

はい。しかし，ニュートン力学では，重力について説明しきれなかったのです。

そこで，アインシュタインは，時間と空間を一体とみなし（時空），重力を説明する新しい理論をつくりました。
簡単に説明すると，**「空間と時間は絶対的なものではなく，伸び縮みするものであり，重力は時空のゆがみによって生まれる」**と考えるのです。
これが，一般相対性理論です。

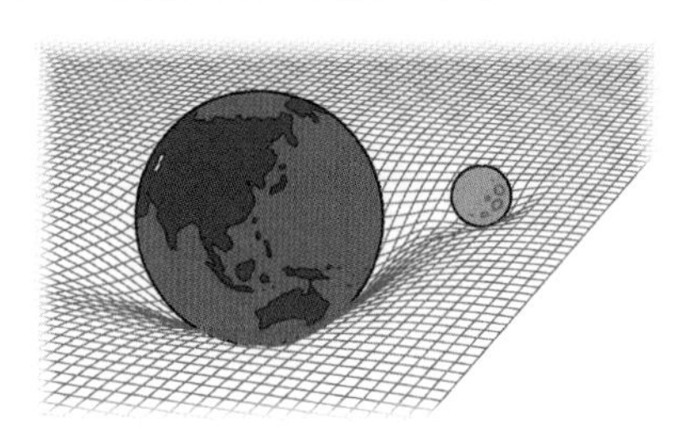

壮大な理論ですね……。とにかく，一般相対性理論はもともと宇宙が不変かどうかを説明するための理論ではなくて，重力についての理論だったわけなんですね。

そうなんです。アインシュタイン自身も，一般相対性理論を発表した当時からずっと，宇宙は不変であると考えていたのですから。
しかし，フリードマンは，アインシュタインの**一般相対性理論を宇宙全体に適用することで，「宇宙空間全体は膨張あるいは収縮する」という結論に至ったのです。**

フリードマンは計算だけで，宇宙が変化している可能性に気づいたんですね。それが，実際に観測で明らかになったわけですから，すごいですね。

ええ。でもフリードマンはルメートルやハッブルの発見の前に，惜しくも亡くなってしまったのですよ。

memo

アインシュタインと宇宙項

アインシュタインは，1916年に，一般相対性理論の基礎方程式であるアインシュタイン方程式を発表しました。

この方程式を使って宇宙の構造を考察すると，「時間とともに，宇宙全体は変化する」という結果が得られました。しかし，当時のアインシュタインは，宇宙は永久不変であると固く信じていたため，方程式を書きかえて，宇宙が変化しないように，「反発力（斥力）」を意味する定数（宇宙項，宇宙定数）を加えたのです。

しかし，のちに宇宙が膨張していることを知ったアインシュタインは誤りを認め，宇宙項を撤回しました。

アインシュタイン方程式

$$R_{\mu\nu}-\frac{1}{2}g_{\mu\nu}R+\Lambda g_{\mu\nu}=\frac{8\pi G}{c^4}T_{\mu\nu}$$

宇宙定数（宇宙項）
ラムダ
Λ

遠い銀河ほど速く，地球から遠ざかっている

宇宙が膨張しているなんて，ちょっと信じられません。そもそもハッブルはどうやって宇宙が膨張していることを発見したのですか？

そうですね，宇宙膨張がどのように明らかにされたのかについて，くわしく見ていきましょう。
私たちは，天の川銀河という星の集団の中に住んでいます。宇宙膨張は，天の川銀河の外にあるたくさんの銀河の動きを調べることで明らかにされたんですよ。

銀河って動いているんですか？

銀河の動きなんて，どうやってわかったんですか？

では，くわしくお話ししましょう。物体が動く「速さ」を計算する方法はご存じですよね？
通常は，「(移動距離)÷(時間)」で求めることができます。しかし，銀河は遠すぎて，移動距離を直接測定することはできません。そこで天文観測では，**ドップラー効果**を利用して，運動速度を求めるのです。

ドップラー効果って，救急車のサイレンの音が，走り去るときに急に低くなるやつですよね。

そうそう，それです。救急車のサイレンは，近づいてくるときには高く聞こえ，遠ざかるときには低く聞こえますよね。

この現象は，音が**空気の波**であるためにおきます。音は，波の波長が短いほど高く聞こえ，波の波長が長いほど，低く聞こえます。

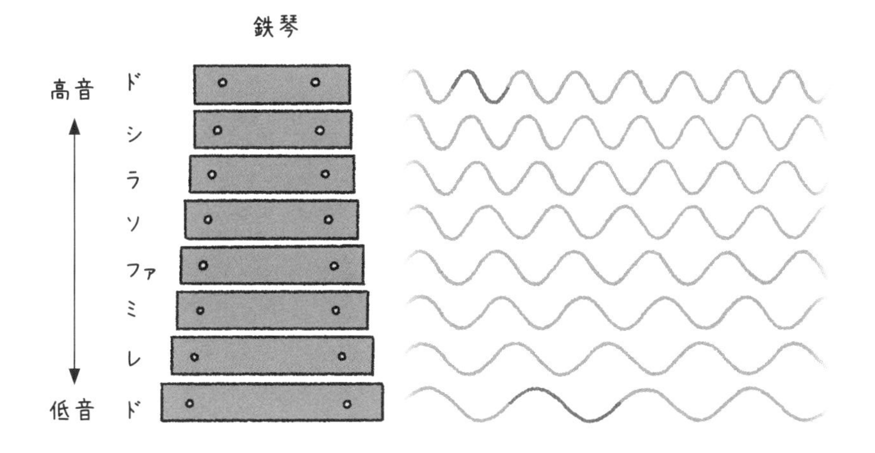

ふむふむ。

救急車のサイレンが近づいてくると，観測者に届く波長は移動によって押し縮められて短くなり（高い音），遠ざかっていると，波長が長くなります（低い音）。
そのため，近づいてくるときは音が高く聞こえ，遠ざかるときは音が低く聞こえるわけです。

なるほど。
でもそのドップラー効果で，どうやって銀河の動きがわかったんですか？　銀河からも音が出ているんですか？

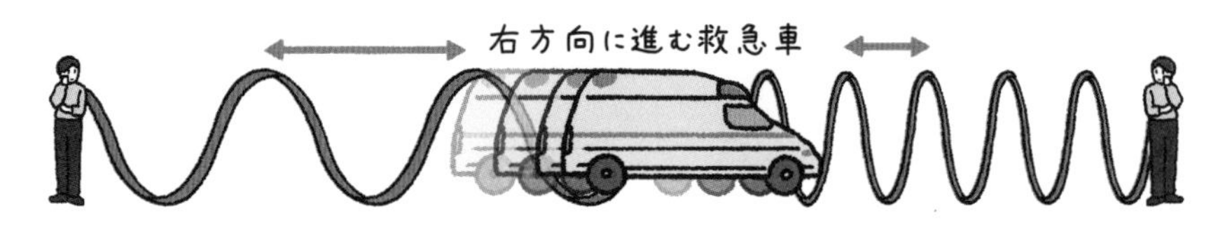

銀河は救急車のように，音を出しているわけではありません。そのかわりに，光を出しています。
ですから，銀河の運動を調べるときには，光のドップラー効果を使うのです。

光にも，ドップラー効果があるんですか？

ええ，光の正体も波なので，音と同じく，ドップラー効果がおきるんです。
地球に天体が近づいていると，天体から発せられた光の波長は短くなり，遠ざかっていると波長が長くなります。
光の場合，波長が短いほど青くなり，波長が長いほど赤くなるのです。

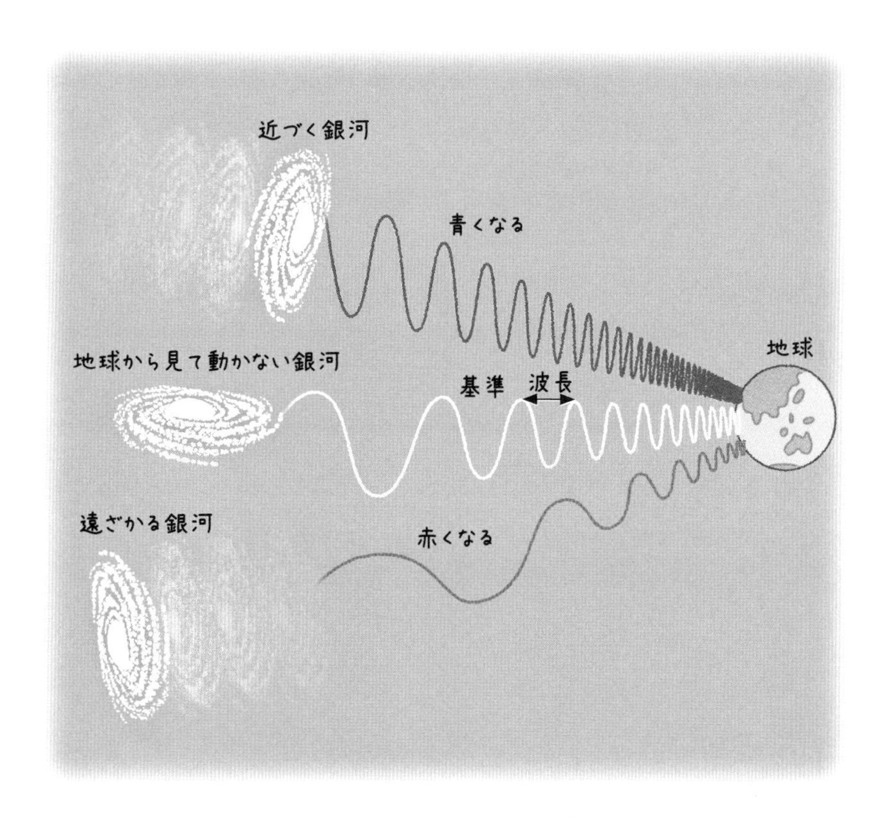

ということは，宇宙にある銀河のうち，私たちの銀河に近づいている銀河からの光は青っぽく，遠ざかっている銀河からの光は赤っぽく見えるということですか。

そうそう，その通りです！
つまり，地球から見える銀河の色を調べれば，銀河が近づいているか，遠ざかっているかがわかるわけです。
波長が短くなる（近づく）ことを**青方偏移**，波長が長くなる（遠ざかる）ことを**赤方偏移**といいます。

なるほど～。

また，**天体（光源）の運動速度（地球と天体を結んだ方向の速度）が大きいほど，波長の変化も大きくなります。**つまり，光の波長の変化がどれだけなのかを調べれば，銀河の移動の**速さ**もわかるのです！

ああ，だから銀河の動きを観測することができたわけなんですね。でも，赤っぽく見えた銀河は，もともと赤いだけなのかもしれませんよ。

なかなかいい質問ですね。では，もう少しくわしくお話ししましょう。
実際の観測では，天体の**スペクトル**を使います。
スペクトルとは，天体が出している光を，さまざまな色（波長）の成分に分けたものです。

色を分ける？　どういうことです？

プリズムのしくみを使うのです。
学校の理科の時間にやったことはありませんか？

授業の記憶は曖昧ですが，プリズムで遊んだ記憶はあります。プリズムに太陽の光を当てると，反対側から色が分かれて出てくるんですよね。虹みたいできれいでした！

そうそう，それです。
天体から出る光には，実はいろいろな色（波長）が混ざっています。ですから，銀河から届く光を，プリズムに通して，波長（色）ごとに分けるわけです。すると，次のイラストのようなスペクトルを得ることができます。

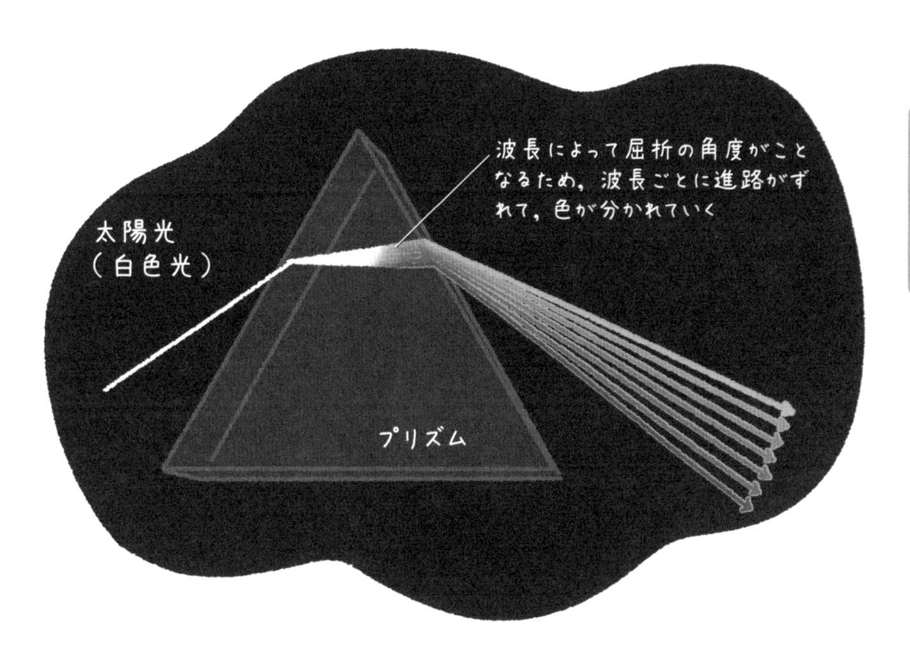
波長によって屈折の角度がことなるため，波長ごとに進路がずれて，色が分かれていく
太陽光
（白色光）
プリズム

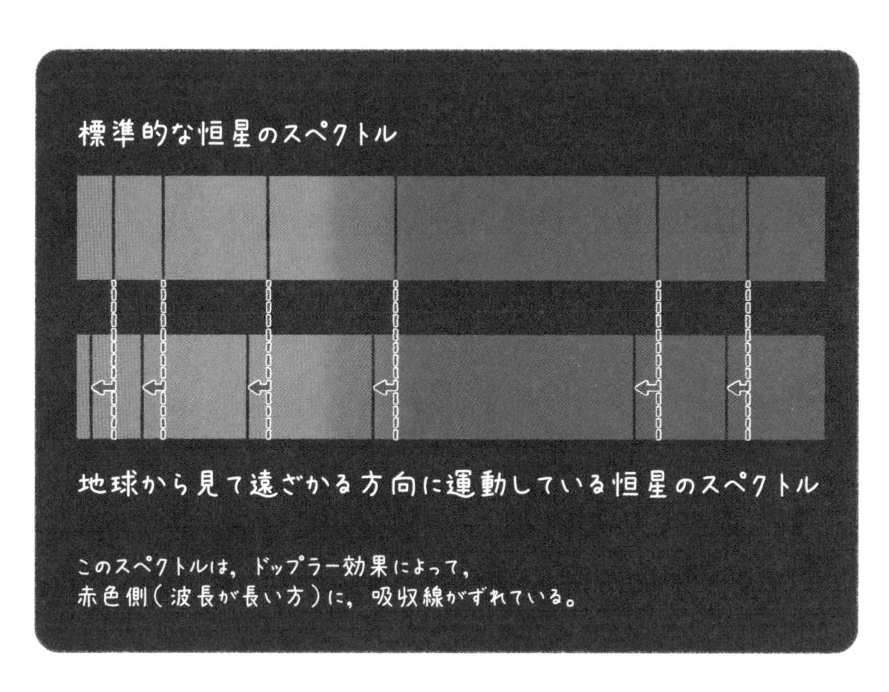
標準的な恒星のスペクトル
地球から見て遠ざかる方向に運動している恒星のスペクトル
このスペクトルは，ドップラー効果によって，
赤色側（波長が長い方）に，吸収線がずれている。

天体にはさまざまな**元素**が含まれており，元素には，特有の波長の光を吸収したり放出したりする性質があります。前のページのイラストで示した恒星のスペクトルの黒い線の部分は**吸収線**といい，その色の光が元素によって吸収されたことを意味しています。この吸収線の位置は本来一致するはずですから，基準とするスペクトルとどれだけずれているかを調べれば，その天体が遠ざかっているか近づいているのか，さらにどれくらいの速度なのかを，計算することができるのです。

へえぇ〜！　だから，銀河が移動していることも，その速度もわかったんですね！

すごいでしょう。こうして銀河の運動についての研究が進む中，アメリカの天文学者**ヴェスト・スライファー**（1875〜1969）が，ある興味深いことを発見したのです。スライファーの分析によると，なんと，**地球から遠ざかっていく銀河のほうが，圧倒的に多かったのです！**

え？　みんな地球からはなれていっちゃうの？

そうです。さらに1929年，ハッブルはフッカー望遠鏡を使い，**歴史的な大発見**をします。ハッブルの観測によると，なんと，**遠い銀河ほど，速く遠ざかっていることがわかったのです。**

銀河の多くは，地球から遠ざかるように移動していて，地球から遠い銀河ほど，その移動スピードが速いというわけですか。

そうなんです。
銀河の遠ざかる速度(後退速度)は,地球からの距離に比例していたのです。
遠い銀河ほど,速く遠ざかっているというこの法則は,宇宙は膨張していることを発見したルメートルとハッブルにちなみ,ハッブル-ルメートルの法則とよばれています。

ポイント!

ハッブル-ルメートルの法則

$$v = H_0 \times r$$

v:銀河の後退速度
H_0:ハッブル定数(現在の宇宙の膨張率をあらわす値)
r:銀河と地球の距離

→ 遠くにある銀河ほど,
速く地球から遠ざかっている

宇宙は膨張していた！

先生，つまり，すべての銀河は，私たちの住む天の川銀河を中心にして，その外側に向かって飛び散っていってる，ということなんでしょうか？

いえいえ，そういうわけではないのです。科学者たちは，宇宙に関するある一つの考えを基本としていました。それは，**「宇宙には中心や端といった特別な場所はない」**という考え方です。これを**宇宙原理**といいます。

ポイント！

宇宙原理

宇宙には中心や端といった特別な場所はなく，宇宙空間の各点は一様である。

宇宙の中心なんてないわけですね。

そうです。この宇宙原理にもとづいて考えれば，天の川銀河が宇宙の中心であるとは考えられません。

ですから，科学者たちは，**「ハッブル-ルメートルの法則は，天の川銀河だけでなく，どの銀河から見ても成り立つはずだ」と考えたのです。**このように考えると，ハッブル-ルメートルの法則をうまく説明するには，宇宙が膨張していると考えるしかないのです。

天の川銀河が宇宙の中心ではない，と考える方がたしかに自然な気がします。でも，そう考えることが，どうして「宇宙は膨張している」という発見につながるんですか？

たとえば，干しぶどう入りのパンをつくるとします。パンを焼くとふくらみますよね？

は，はい。

干しぶどう入りのパンがふくらむとき，干しぶどう目線で考えると，どの干しぶどうから見てもほかの干しぶどうは遠ざかって見えます。
また，全体が同じ割合でふくらめば，より遠くにある干しぶどうほど，同じ時間ではより遠くに移動することになりますよね。つまり，距離に比例した速度で遠ざかるのです。宇宙でもこれと同じことがおきている，つまり**宇宙が膨張していると考えなければ，ハッブル-ルメートルの法則は成り立たないのです。**

むむむ，むずかしい。

次のページのイラストを見てください。
まず1は，宇宙の中のある領域をあらわしており，2はその領域が2倍に膨張したことを表現しています。
1と2ではマス目の大きさを統一しており，1辺の長さは1です。

ふむふむ。
右上に，私たちの天の川銀河がありますね。

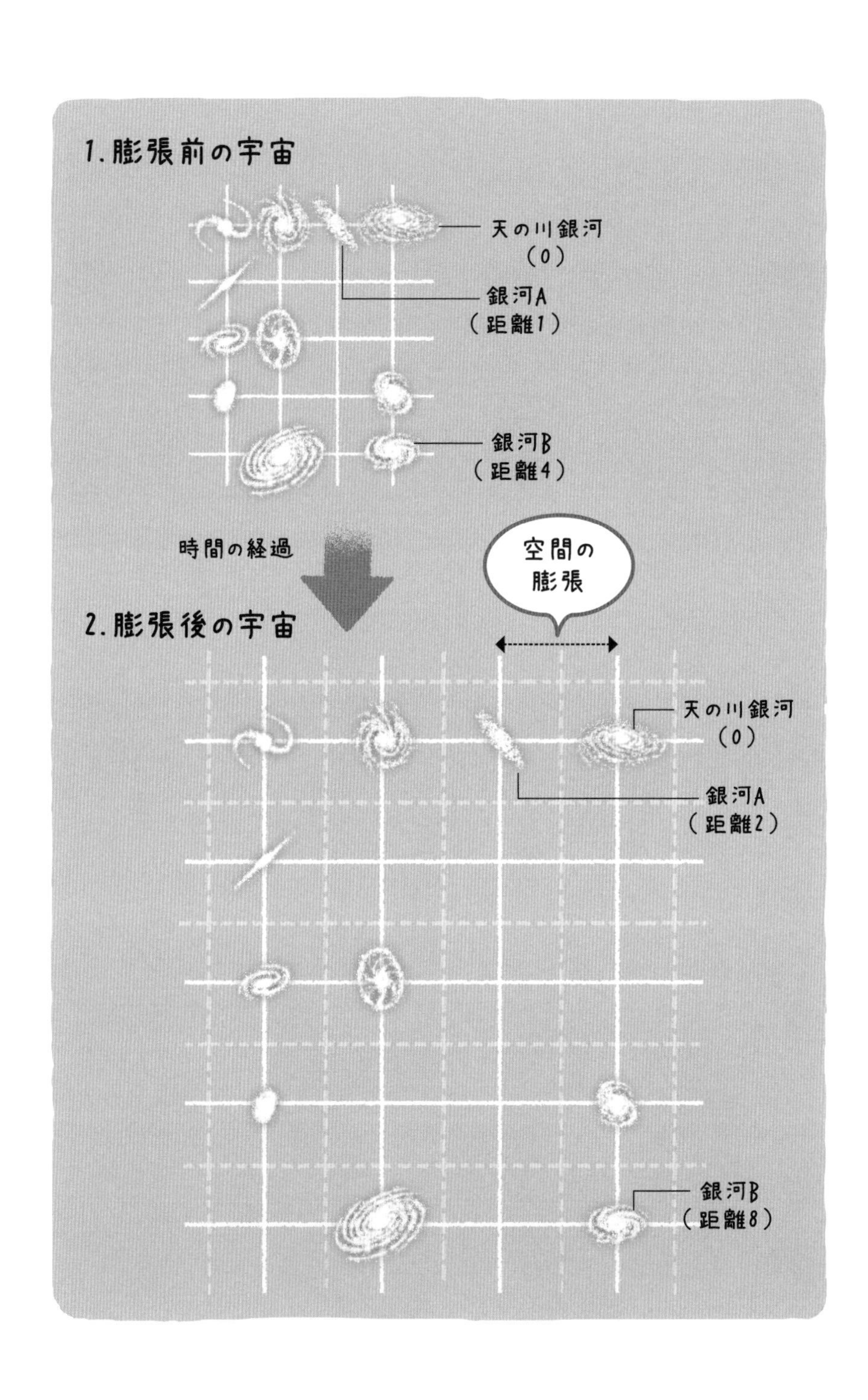

1.膨張前の宇宙
天の川銀河
（0）
銀河A
（距離1）
銀河B
（距離4）
時間の経過
空間の
膨張
2.膨張後の宇宙
天の川銀河
（0）
銀河A
（距離2）
銀河B
（距離8）

1と2を比較してみましょう。銀河Aと銀河Bに注目してください。何かわかりませんか？

銀河Bは，銀河Aよりもずいぶん遠くに移動したように見えますね。

その通り。
天の川銀河から見て，銀河Aは距離1から，距離2に移動しています。つまり見かけの移動量（速度）は1です。
一方，銀河Bは距離4から距離8に移動しているので，移動量は4です。
このように，天の川銀河から遠い銀河ほど見かけの移動量（速度）が大きくなります。これは天の川銀河から見て縦横斜め，どの方向でも成り立ちます。

このイラストだと，たしかに天の川銀河は中心にあるわけじゃないけど，銀河までの距離と移動量が比例してますね。

そうでしょう。
さらに，天の川銀河に限らず，イラストのすべての銀河でハッブル-ルメートルの法則が成り立っていることがわかります。
つまり，**宇宙原理とハッブル-ルメートルの法則を満たす宇宙とは，このような「膨張する宇宙」なんです。**

そういうことなんですね！

宇宙が膨張すると，
銀河は遠ざかるように見える

宇宙全体が膨張すると（つまり，箱が大きくなると），銀河と銀河の間の距離が広がる。どの銀河の住人から見ても，ほかの銀河が遠ざかっているように見える。なお，銀河に含まれる星ぼしは引力で引き合っているため，個々の銀河がふくらんでしまうことはない。

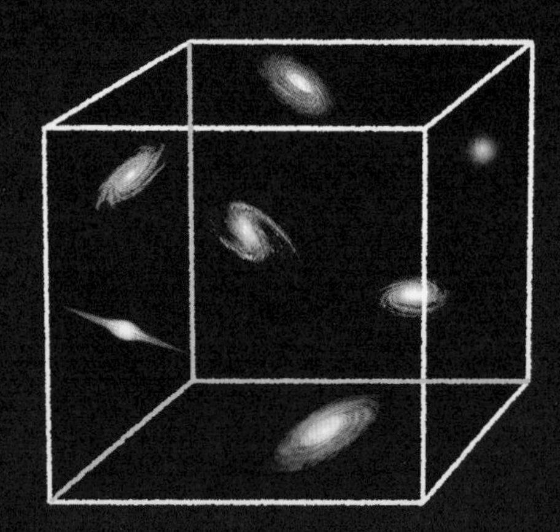

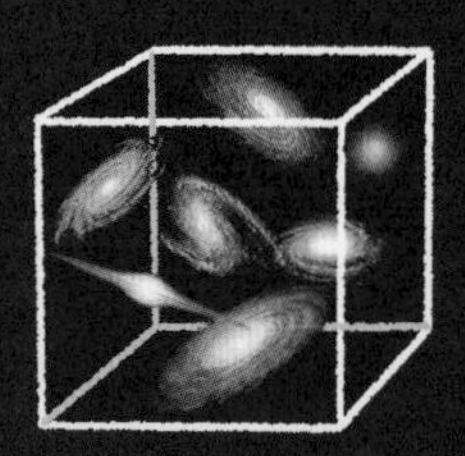

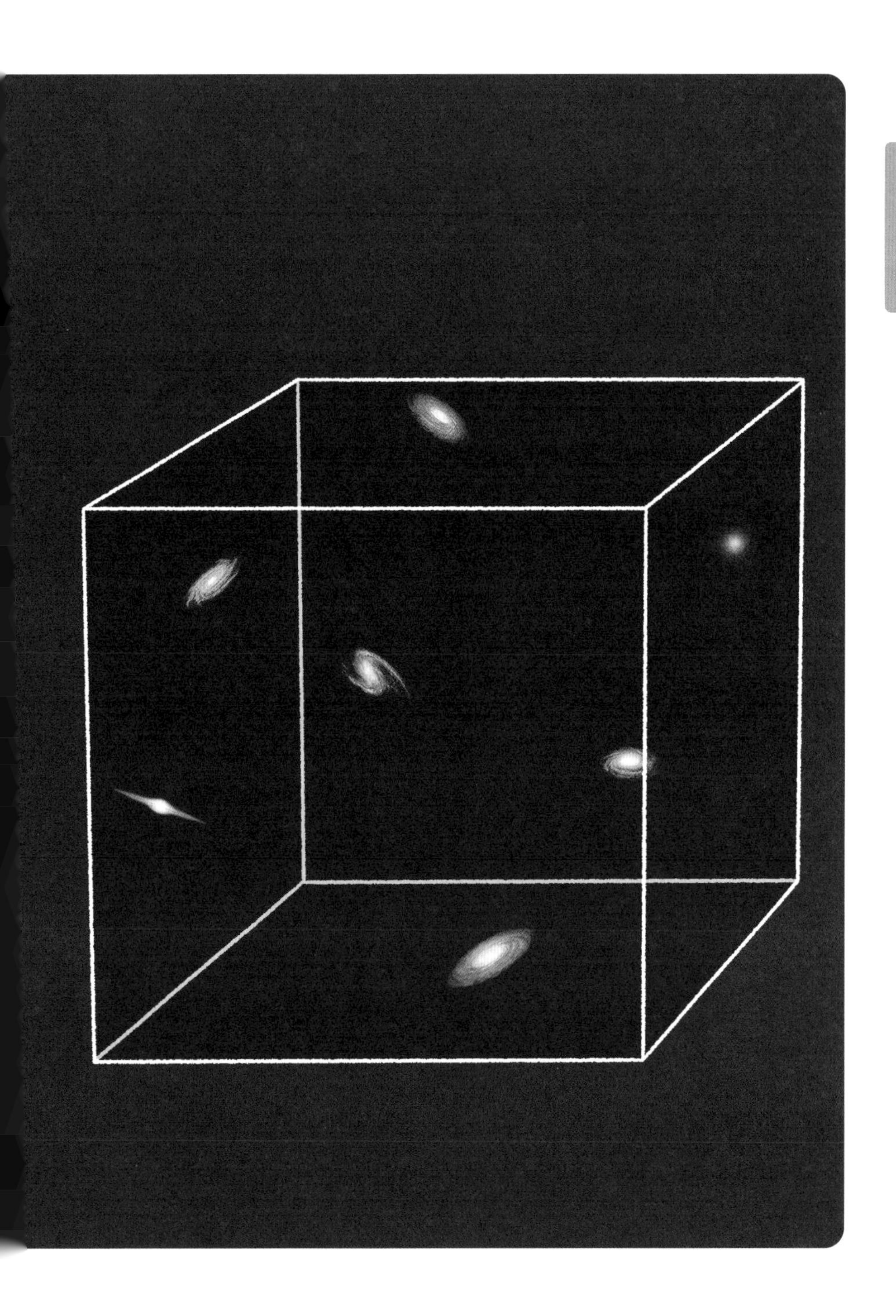

かつての宇宙は超高温・超高密度だった

先生，宇宙が膨張しているということは，最初のころの宇宙は，もっとちっちゃかったわけなんですか？

フフフ，いいところに気付きましたね。
1940年代後半，ロシア生まれのアメリカの物理学者ジョージ・ガモフ（1904～1968）が，また新たな宇宙像を提唱しました。それは，**「宇宙はかつて，超高温で超高密度だった」**というものです。

超高温で超高密度？

はい。ガモフがこう考えるきっかけになったのは，宇宙に存在する水素とヘリウムの量でした。
自然界には水素からウランまで92種類の元素があります。その内訳は，約92.4％が水素（原子番号1）で，約7.5％がヘリウム（原子番号2）で，残りの元素は全部あわせても，たった0.1％程度です。

ほぼほぼ水素とヘリウムだけじゃないですか。

そうですよね。ガモフも，**「水素とヘリウムが多すぎる！」**と考えたんです。

ヘリウムは，太陽などの恒星の中で，水素から核融合反応によってつくられます。ところが，たとえば太陽に含まれるヘリウムの量を説明するには，核融合反応だけでは不十分で，太陽（恒星）ができる以前から，もともと大量のヘリウムが宇宙に存在していたと考えなければ，つじつまが合わないのです。

うーむ。

そこでガモフは，**「大昔，宇宙全体には水素が満ちていて，超高温・超高密度だった。そのときおきた核融合反応で大量のヘリウムが合成された」**と考えたのです。

そう考えないと，大量の水素とヘリウムが宇宙にあることを説明できなかったんですね。

はい。そして，このガモフの考えを支持したのが，宇宙が膨張しているという，ハッブルの観測結果でした。

先ほどあなたがおっしゃったように，**「宇宙が膨張しているなら，過去の宇宙は今の宇宙よりはるかに小さく，超高温・超高密度だった」**と考えることができます。

たしかに，狭いぶん，密度も高そうですね。

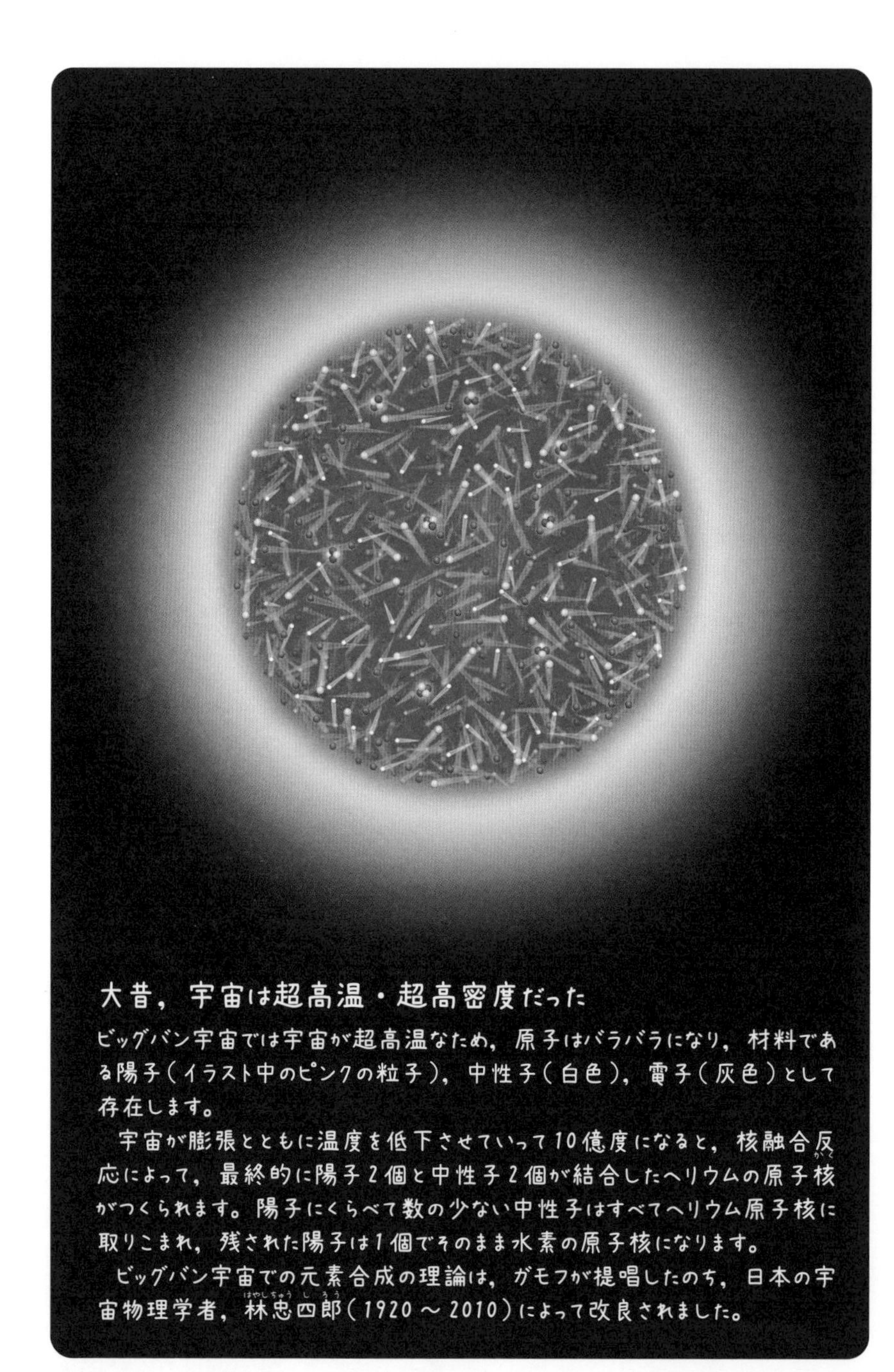

大昔，宇宙は超高温・超高密度だった

ビッグバン宇宙では宇宙が超高温なため，原子はバラバラになり，材料である陽子（イラスト中のピンクの粒子），中性子（白色），電子（灰色）として存在します。

宇宙が膨張とともに温度を低下させていって10億度になると，核融合反応によって，最終的に陽子2個と中性子2個が結合したヘリウムの原子核がつくられます。陽子にくらべて数の少ない中性子はすべてヘリウム原子核に取りこまれ，残された陽子は1個でそのまま水素の原子核になります。

ビッグバン宇宙での元素合成の理論は，ガモフが提唱したのち，日本の宇宙物理学者，林忠四郎（1920～2010）によって改良されました。

ええ。ガモフの想定したこの超高温・超高密度の宇宙は**ビッグバン宇宙**とよばれています。

「ビッグバン」って聞いたことがあります。
ビッグバン宇宙って，こうして生まれた考え方だったんですね。

この段階では，ビッグバン宇宙は，まだ仮説にとどまっていました。しかしもっとずっとあとに，この仮説も正しいことが証明されるのです。

すごいですねえ～。
ドキドキしますね。

ガモフのいう通り，宇宙がかつて超高温だったならば，当時の宇宙は**波長の短い光**で満たされていたはずです。なぜなら，物体は，その温度に応じた波長の光(電磁波)を放つからです。高温の物体は波長の短い光を多く放ち，低温の物体は波長の長い光を多く放ちます。

つまり，かつては超高温だったから，短い波長の光を放っていたというわけですね。

そうです。
ところがビッグバンがおき，宇宙の膨張がはじまると，その波長はどんどん引き伸ばされていきます。
こうして引き伸ばされた波長の長い光が今の宇宙を満たしていることがわかれば，ガモフの説の証拠になります。

そして1964年，アメリカの電波天文学者，アーノ・ペンジアス（1933〜　）とロバート・ウィルソン（1936〜　）は，24時間，宇宙のあらゆる方向からやってくる電波，つまり可視光よりもはるかに波長の長い光を発見しました。

ついに見つかったのですね！

しかし二人は，この電波を天体観測の邪魔をするノイズだと考え，取り除く方法を探していたのです。

ああ〜！

このノイズの正体を明らかにしたのが，アメリカの宇宙論研究者，ロバート・ディッケ（1916〜1997）とジェームズ・ピーブルズ（1935〜　）です。
1965年，ディッケたちは，**「ビッグバン直後の宇宙にあった光が引き伸ばされたとすると，ペンジアスらの観測したノイズの波長とほぼ一致する」**と結論付けたのです。
こうして，ガモフの唱えたビッグバン仮説は，観測によって強く裏づけられることとなったのです

よかった〜！
消去しようとしていたノイズが，実は宇宙論を書きかえる大発見だったというわけですね。
それにしても，20年もの年月をかけて，見えない光を探し当てるなんて……，壮大なロマンを感じます。

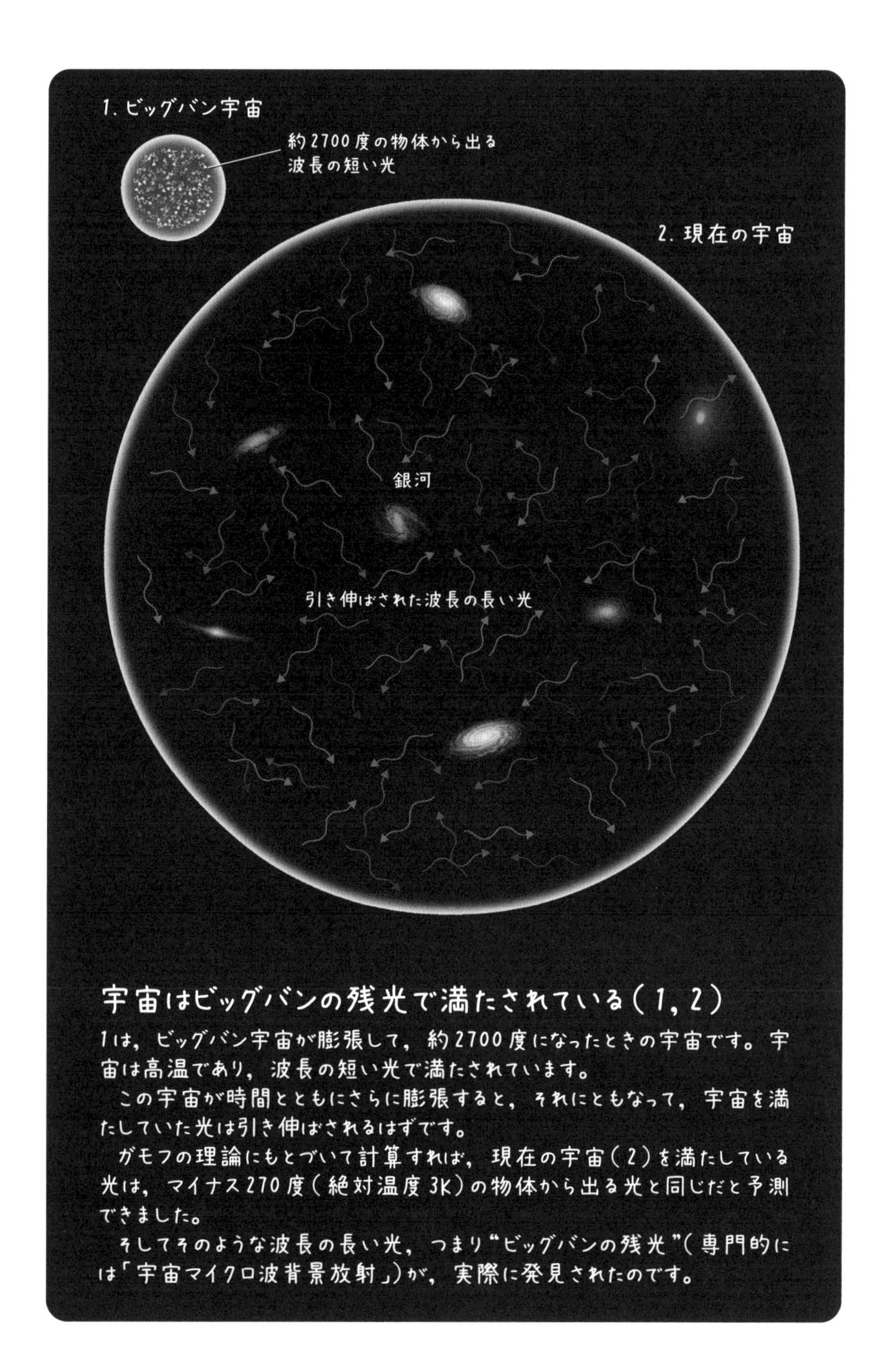

宇宙はビッグバンの残光で満たされている（1，2）

1は，ビッグバン宇宙が膨張して，約2700度になったときの宇宙です。宇宙は高温であり，波長の短い光で満たされています。

この宇宙が時間とともにさらに膨張すると，それにともなって，宇宙を満たしていた光は引き伸ばされるはずです。

ガモフの理論にもとづいて計算すれば，現在の宇宙（2）を満たしている光は，マイナス270度（絶対温度3K）の物体から出る光と同じだと予測できました。

そしてそのような波長の長い光，つまり“ビッグバンの残光”（専門的には「宇宙マイクロ波背景放射」）が，実際に発見されたのです。

極小の宇宙は，すさまじい急膨張をした

ガモフが唱えたビッグバン仮説には，実は観測事実と矛盾する部分がありました。

そうなんですか？

今の宇宙の温度は，全体的に見ると，どこを見ても目立ったちがいがありません。たとえば，地球上の温度がどこでも同じということがありえないように，これは不自然なことです。

たしかに，ちょっと不自然かも。

こうした疑問に対する答えとして，1980年代，東京大学名誉教授の**佐藤勝彦博士**（1945〜　）と，アメリカの**アラン・グース博士**（1947〜　）らは，それぞれ独自に**「宇宙は生まれた直後に，すさまじい速度で巨大化した」**と唱えました。
グース博士はこの急膨張を**インフレーション（inflation）**と名づけました。このため，これは**インフレーション理論**とよばれています。

インフレーション！
経済のインフレと同じ意味ですか？

そうです。inflationは「膨張」という意味で，物価の継続的な上昇を指すときにも使われますね。

インフレーション理論における急膨張の比率はすさまじいもので，たとえるなら，**「ウイルスが一瞬で天の川銀河より大きくなるようなもの」**といえるでしょう。

ひゃ〜！
想像もできませんよ！

誕生直後の宇宙は，10^{-26}センチメートルほどで，原子よりも小さなものだったと考えられています。このミクロな宇宙が，想像を絶する急激な膨張をとげたわけです。インフレーション理論はいくつかあり，そのうちのあるモデルによれば，**1秒の1兆分の1の，1兆分の1の，さらに1兆分の1ほどの間（10^{-34}秒）に，宇宙は1兆の1兆倍の，1兆倍の，さらに1000万倍の大きさになった（10^{43}倍）と見積もられています※。**

ひいぃ〜！
具体的な数字を見てもまったく実感がわきませんね。

ポイント！

インフレーション理論

誕生直後の宇宙は，すさまじい速度で急膨張した。

※：インフレーション理論のモデルは数多くあり，ここであげたインフレーションの継続時間や，どれだけ大きくなったかは，モデルによって何けたもことなり，実際の宇宙の歴史でどうだったかはわかっていません。これらはあくまで，おおざっぱな目安の数値です。

急膨張する直前の宇宙の大きさは，原子にも満たないほどの大きさしかありませんから，急膨張が終わったとき，宇宙はまだ100メートル程度の大きさでしかなかったといわれています。また，このインフレーションはただの膨張ではありません。「加速的な膨張」です。つまり時間がたつほど，速度を増していくような膨張だったのです。

しかも加速！

ミクロな宇宙には，物質や光が存在していませんでした。一方で，インフレーションを引きおこす**何らかのエネルギー**が満ちていたと考えられます。しかし，膨張のしくみについて，くわしいことはわかっていないのです。現在も理論的な研究が続けられているんですよ。

宇宙の急膨張 ― インフレーション

奥から手前に向かって，過去から未来に向かって広がる宇宙をえがいています。宇宙に満ちていたエネルギーによって，宇宙は一瞬で10の何十乗倍にも巨大化しました。

この急膨張にともなって，宇宙にあったさまざまな素粒子※は猛烈な勢いで飛び散ります。その結果，宇宙は急速に空っぽになっていったと考えられています。

NASA（アメリカ航空宇宙局）のCOBE衛星やWMAP衛星，ESA（ヨーロッパ宇宙機関）のプランク衛星の観測では，インフレーション理論を支持するデータが得られています。

※：物質をつくる素粒子だけではありません。

時間をさかのぼると，宇宙は一つの点に行き着く

急膨張をはじめる前の原子よりも小さかった宇宙って，一体どんな感じなんでしょう。

フリードマンは，一般相対性理論をもとに，過去から未来に向けて宇宙空間がどのように変化するのかを計算して，宇宙が膨張している可能性を導きだしました。
さらに1970年，イギリスの物理学者**スティーブン・ホーキング博士**（1942～2018）と，同じくイギリスの数学者・物理学者，**ロジャー・ペンローズ博士**（1931～　）は，フリードマンの宇宙モデルに加えて，より複雑な宇宙モデルもあわせて考え，宇宙の時間を過去にさかのぼっていったときの宇宙空間の縮み方を研究しました。

スティーブン・ホーキング
（1942～2018）

ロジャー・ペンローズ
（1931～　）

どんな結果が出たんでしょう？

二人はこう結論付けました。**「一般相対性理論で考える限り，膨張する宇宙を過去にさかのぼっていくと，どんどん縮んで，最終的には大きさがゼロになるまでつぶれていかざるをえない」。**

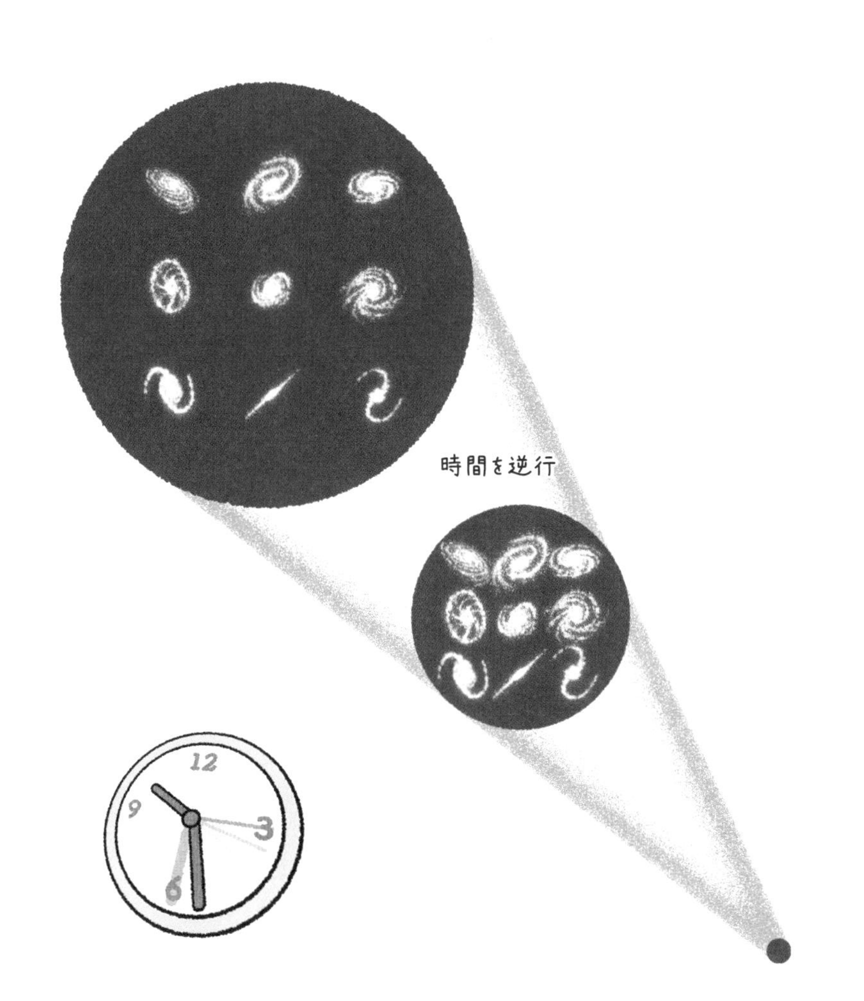

大きさがゼロ？
ゼロって，存在しないことじゃないんですか？

はい。この最後の点は**特異点**とよばれ，この仮説は**特異点定理**といわれています。
特異点は，体積がゼロであり，それでいながら物質の密度と温度が無限大になると考えられます。

ええ～！　ちょっとわけがわかりません。体積がゼロなのに，密度が無限大なんて！

まったく想像できないですよね。
実際に宇宙の過去が特異点に行き着くというこの定理は，物理学者たちをおおいに悩ませました。
なぜなら，特異点においては物理学の計算結果が**無限大**になり，破たんしてしまうからです。
したがって，この特異点から宇宙がはじまったと考えると，宇宙が誕生した瞬間のようすを解き明かすことができなくなります。

そんな……。

また，42ページでご紹介した，アインシュタインの一般相対性理論の方程式をもとに「宇宙は膨張している」ことを導きだした**アレクサンドル・フリードマン**も，収縮する宇宙など三つの宇宙モデルを導きましたが，どれも，宇宙のはじまりが特異点になることは変わりませんでした。

行き詰まってしまったんですか。

ただし，特異点定理はあくまでも，一般相対性理論のみにもとづいたものです。つまり，ほかの道を探れば，宇宙の誕生にせまることができる可能性があります。

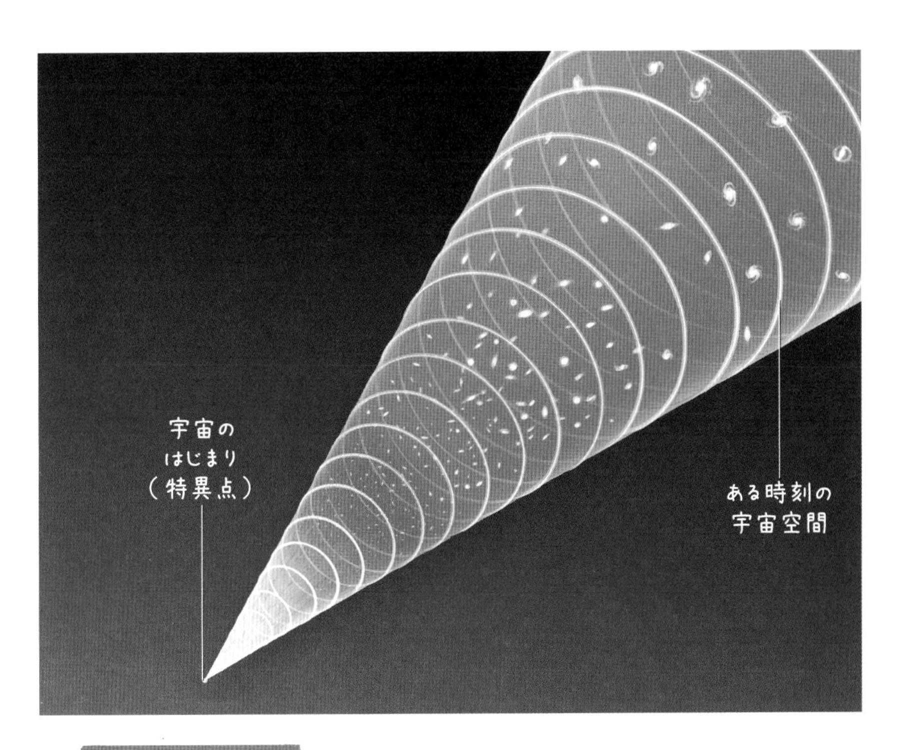

ポイント！

特異点定理

宇宙のはじまりは大きさゼロの点（特異点）に行き着く。

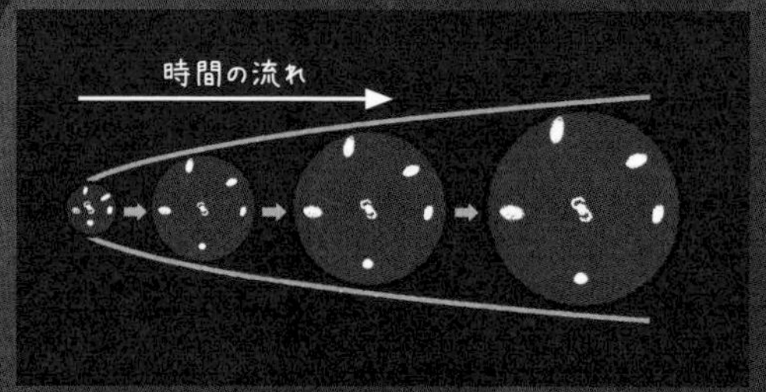

フリードマンが提案した，膨張する宇宙モデル
上は，フリードマンが一般相対性理論の方程式から導いた宇宙モデルのイメージ。誕生からずっと，宇宙は膨張を続ける。

宇宙のはじまりは，相対性理論だけでは手に負えないものだった

一般相対性理論をもとに考えると，宇宙のはじまりは「特異点」という一つの点になる。イラストは，特異点を出発点にして，時間を経るごとに膨張して大きくなる宇宙（球の表面）のイメージ。奥の球ほど，時間のたった宇宙の姿になる。特異点においては物理学の計算が破たんしてしまうため，宇宙のはじまりを科学的に解き明かすことができなくなる。

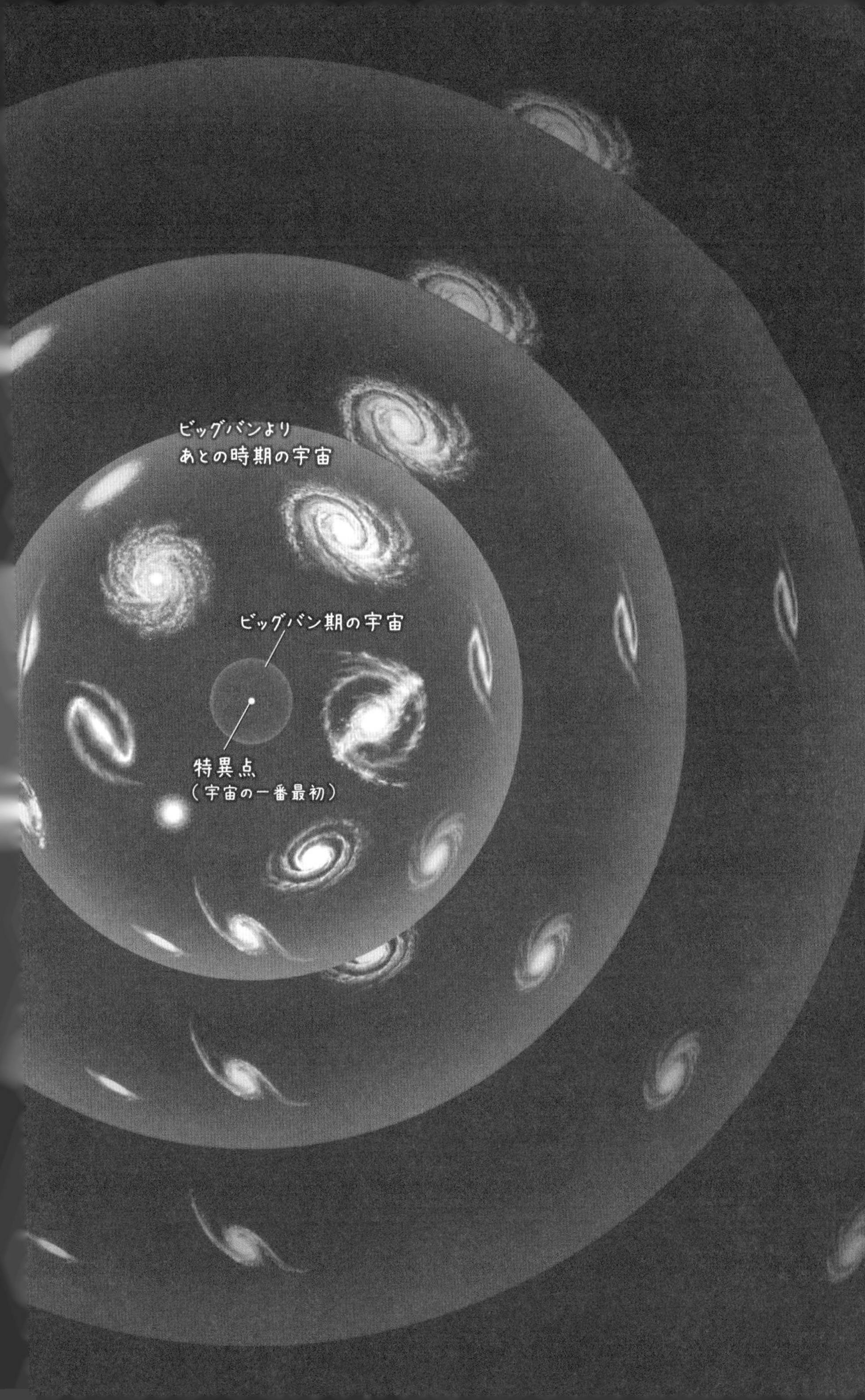

ビッグバンより
あとの時期の宇宙

ビッグバン期の宇宙

特異点
（宇宙の一番最初）

宇宙は，“究極の無”から生まれた

ほかの道を探るって，どうするんですか？

ズバリ，ほかの理論を取り入れるのです。一般相対性理論は，「宇宙の膨張や進化」について説明することはできます。しかし，そのまま「宇宙のはじまり」に適用すると，特異点の問題につきあたり，破たんしてしまいます。

どうすればいいんでしょう……。

そこで，特異点まで近づいたら，そこからは別の理論も用いて考えるのです。
そこで登場するのが，**量子論**という理論です。
量子論とは，一般相対性理論と同様，20世紀初頭に誕生した大理論で，現代物理学の柱となるものです。
量子論は，原子のようなミクロな物質のふるまいなどを説明するための理論です。そのため，極小の大きさだったと考えられる，誕生の時期の宇宙について考えるときには，必要な理論になると考えられたのです。

なるほど。その大きさに合わせた，もっと目盛りの細かい物差しに取りかえるみたいなことですね。

そうですね。
量子論によると，ミクロな世界では，普通では考えられないような不思議なことがおきます。ここでは，宇宙誕生とも関係のある**真空のゆらぎ**について少しお話ししましょう。

真空のゆらぎ？

量子論によると，10^{-20}秒程度以下というような，私たちが認識できないようなごく短い時間では，物質の「ある」，「ない」という存在自体が定まらなくなります。

そして，何もないはずの真空状態でも，小さな粒子が自然に生まれたかと思えば（対生成），すぐに消滅するのです（対消滅）。この状態を「ゆらいでいる」といいます。

うわぁ〜。不思議ですねえ。
何もない状態をミクロの視点で見ると，実は無数の粒子が泡みたいに生まれたり消えたりしてるんですね。

宇宙誕生のころには，宇宙の存在自体がゆらいでいた？

1960年代，アメリカの物理学者ジョン・ウィーラー（1911〜2008）は，プランク長（一般相対性理論が通用する最小の長さ。10のマイナス33乗センチメートル程度）より小さな極小の領域では，時空それ自体の存在が大きくゆらいでいるだろう，という考えを提案した。宇宙のはじまりが，これくらいのサイズでおこったのだとすると，宇宙の存在自体がゆらいでいたのではないか，と考えられている。

その通りです。
ということは，空間のエネルギーもゼロであるはずがない，ということになります。ごく短時間で見ると，場所ごとの空間のエネルギーの大きさの値は，それぞれ一つに定まることがなく，非常に高いエネルギーとなる場合もあるのです。

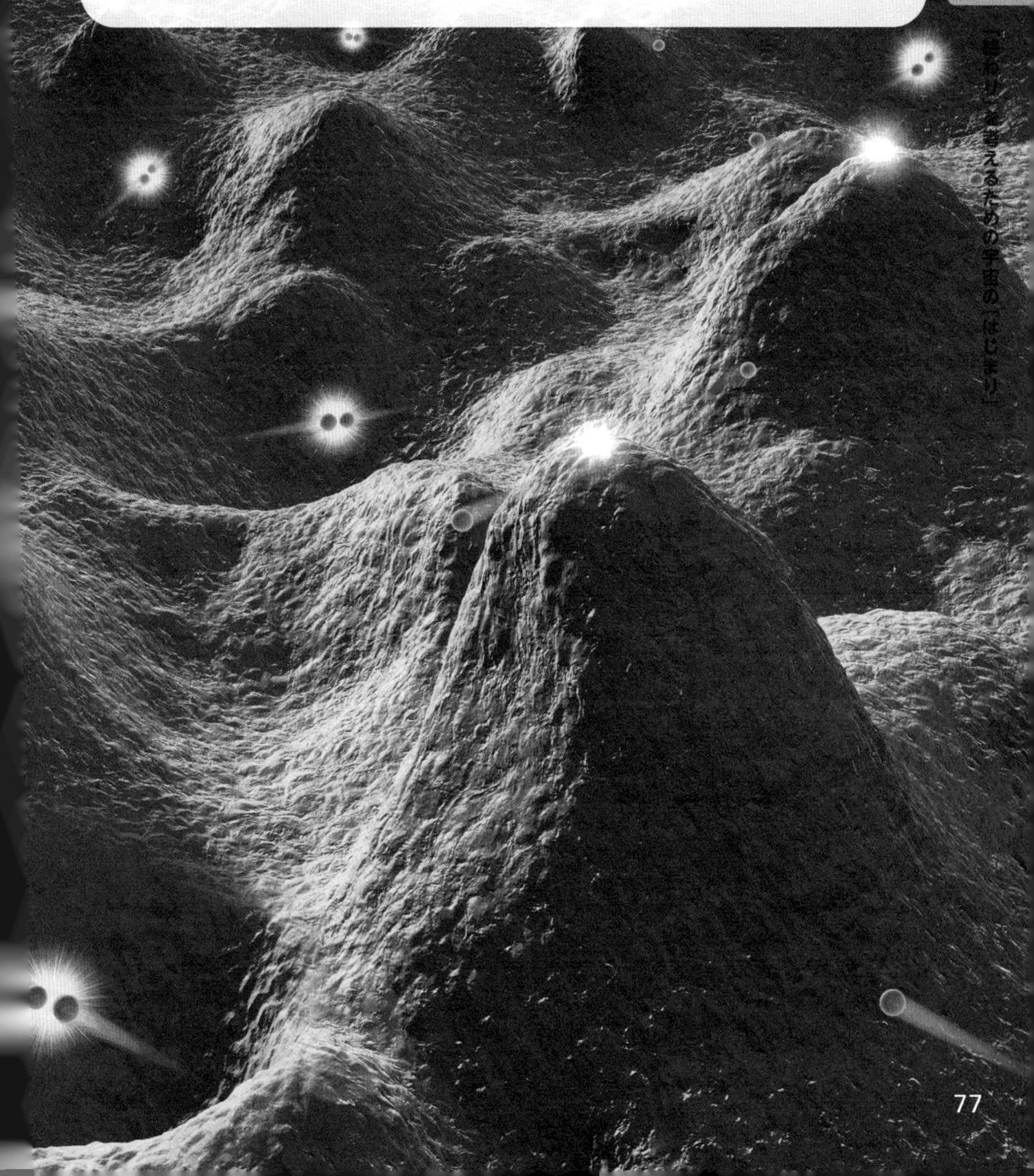

アインシュタインの相対性理論によると，エネルギーは物質の質量に転換できます。
このため，瞬間的に高いエネルギーをもった場所では，そのエネルギーが粒子に転換（対生成）することができます。しかし，できた粒子はすぐに消滅して元の状態に戻ります（対消滅）。

何もないはずの空間も，エネルギーや物質がゆらいでいるわけですね！

ええ。そして，このような量子論の考えを取り入れる方法によって，宇宙のはじまりについての仮説がいくつか考えられているのです。
たとえば1982年，アメリカの物理学者**アレキサンダー・ビレンキン博士**（1949～ ）は，**『無からの宇宙創生』**という論文を発表し，宇宙が「究極の無」から，量子論の効果を経て生まれてきたという仮説を提唱しました※。

きゅ，究極の無!?

究極の無というのは，時間も空間も存在しないことです。

いやいや，時間も空間も存在しないのに，そんなところからいきなり宇宙がポンッと生まれるなんて，ありえないでしょう！

※：「無からの宇宙創生」というアイデアを最初に提唱したのは，アメリカの物理学者エドワード・トライオン（1940～2019）だとされています。トライオンは論文の中で，エネルギーゼロからの宇宙創生が可能であると論じました。

ビレンキン博士によると，真空中での粒子の対生成，対消滅と同じようなことが，宇宙が誕生するときにもおこっていたようなのです。
つまり，宇宙の存在自体が定まらない“ゆらいだ”状態であり，宇宙の“卵”が誕生と消滅をくりかえしていたというのです。そして，その中でたまたま生まれた宇宙の卵の一つが急激に膨張し，約138億年かけて現在の大きさにまで成長した，というのです。

この広大な宇宙のはじまりが，そんな偶然から生まれたかもしれないなんて，おどろきました。

無から生まれた宇宙の“卵”が私たちの宇宙へと成長した可能性も

無からの宇宙創生のようすをえがいた。ビレンキンによれば，時間も空間も存在しない「無」のゆらぎによって宇宙の“卵”が誕生し，そのうちの一つが急激に膨張して私たちの宇宙になったという。

私たちの宇宙

「究極の無」のゆらぎ

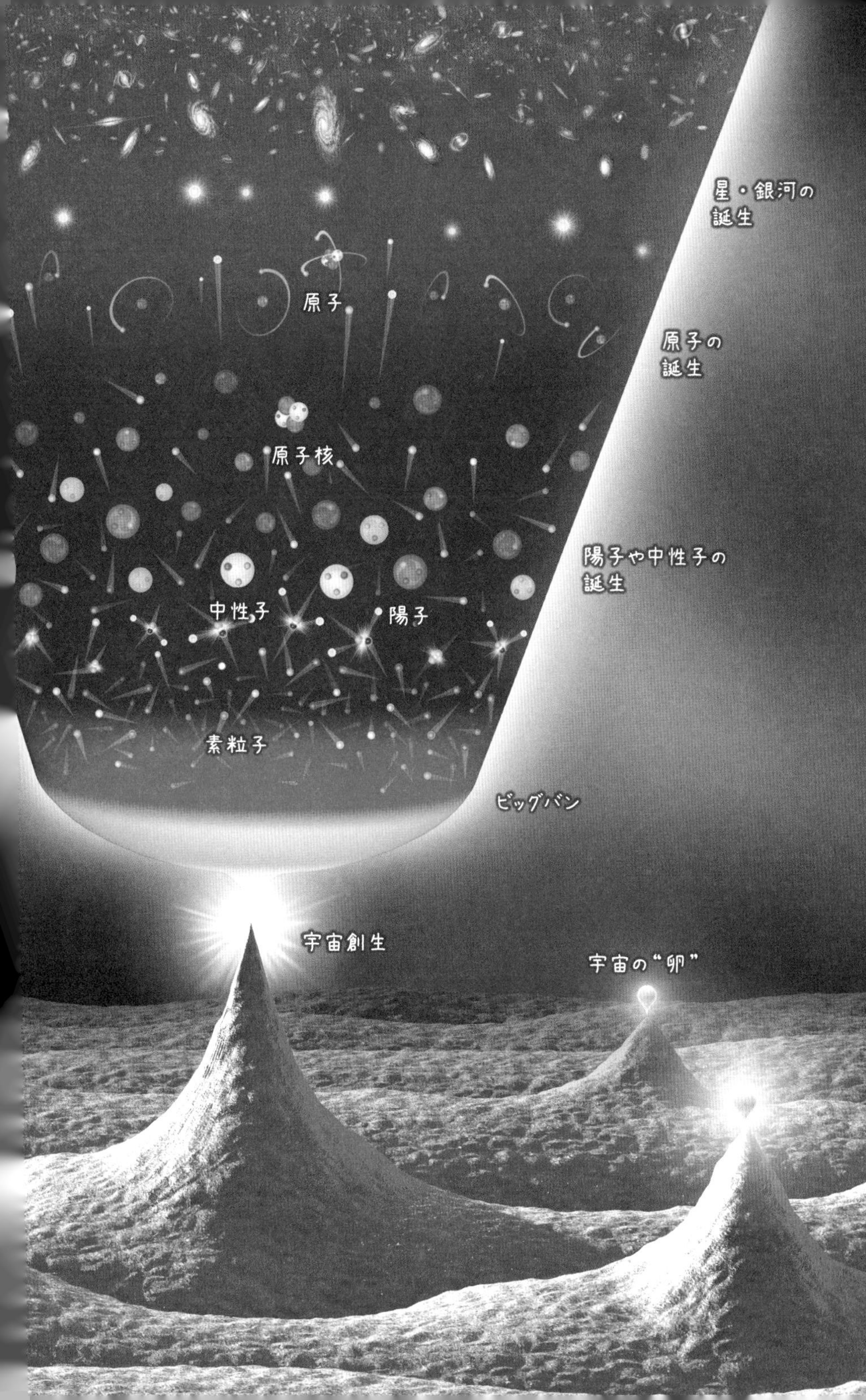

星・銀河の誕生

原子

原子の誕生

原子核

陽子や中性子の誕生

中性子

陽子

素粒子

ビッグバン

宇宙創生

宇宙の“卵”

宇宙は，誕生直後に“トンネル”を通ったのかも

それにしても，“無”から宇宙が生まれるなんて，よく考えついたものですね。
でも先生，生まれた卵の一つが急激に膨張して宇宙になったとしたら，その卵と，消えていく卵たちとはどこにちがいがあったんでしょう？

お，いいところに目をつけましたね。
ビレンキンの無からの宇宙創生論では，宇宙が誕生するときには宇宙の“卵”自体が生まれたり消えたりをくりかえしていたと考えます。この宇宙の卵が私たちの宇宙の姿になるためには，急激に膨張しなければなりません。
ビレンキン博士は，宇宙の卵の運命はその**大きさ**にかかっていると考えました。
すなわち，**小さければ宇宙の卵はすぐにつぶれて，はかない運命をたどります。しかし大きければ急激に膨張します。**

大きさですか……。

宇宙の卵が，自然に急膨張を開始できるサイズまで大きくなるには，その過程で大きなエネルギーが必要です。
つまり，宇宙の卵は大きなエネルギーの障壁をこえなければなりません。

なるほど。

その障壁をこえるときに，**トンネル効果**がおきたと考えられています。

トンネル効果？
何ですかそれは。

たとえば，あなたは山登りをしますか？

しませんね。
一度友だちにくっついて山登りをしましたが，多分二度と行かないです。山をこえるとか，今の体力じゃとても無理ですね。

はははは。よい例ですね。
このように，高い山をこえるには，かなりの体力，すなわち**エネルギー**が必要です。
ところが，量子論があつかうミクロな世界では，本来ならこえられないはずの高い山があっても，その山をこえることができる現象がおこりうるんです。

えっ！　そんな便利なことが？

ミクロな世界では，ごく短い時間ですが，エネルギーの大きさは不確定になります。そのため，粒子が瞬間的に非常に大きな運動のエネルギーをもつ場合があるのです。
一時的にこのような“**スーパー粒子**”になると，粒子は本来はこえられないはずの高い“山”をこえて，“山”の向こう側に行くことができます。
あたかも，粒子がいつのまにか“山”をすり抜けて，向こう側にたどりついたかのようにも見えるので，この現象を「トンネル効果」というのです。

すごい！
では，そのトンネル効果によって，宇宙の卵は，エネルギーの山を乗りこえたわけですね。

そうです。ビレンキン博士は，**「私たちの宇宙は，宇宙の卵がトンネル効果を使って“山”をこえ，はかない運命の宇宙から急膨張する宇宙に転じて生じたものだ」**と考えたわけです。

なるほど。

さらにビレンキン博士は，はかない運命の宇宙の卵が急膨張する宇宙に転じるには，最低でもどれくらいの大きさが必要になるか，そして大きさをどんどん小さくしていったら，何がおこるのか，ということを考えました。

一体どんな結果が出たのでしょう？

ミクロの世界では，粒子が瞬間的に高いエネルギーを得て，壁の反対側に行き着く場合がある。

壁

マクロな大きさの粒子は，谷を行ったり来たりするだけで，エネルギーの壁をこえられない。

トンネル

谷

なんと，宇宙の卵の大きさがゼロであっても，トンネル効果がおこる可能性はゼロではなかったのです。むしろゼロにした方が計算は単純になりました。

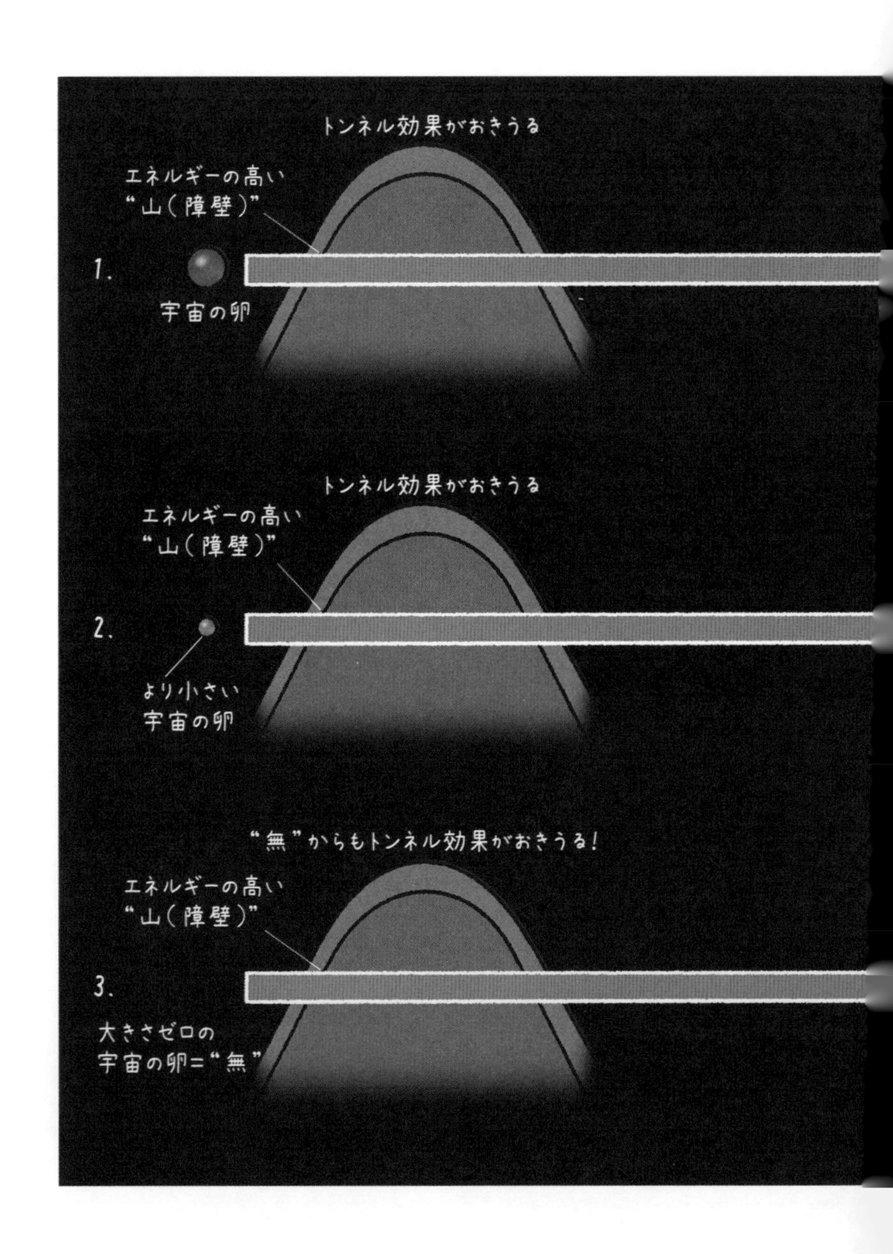

あっ！　まさに「無から宇宙が生まれた」っていうことですね。

その通りです！

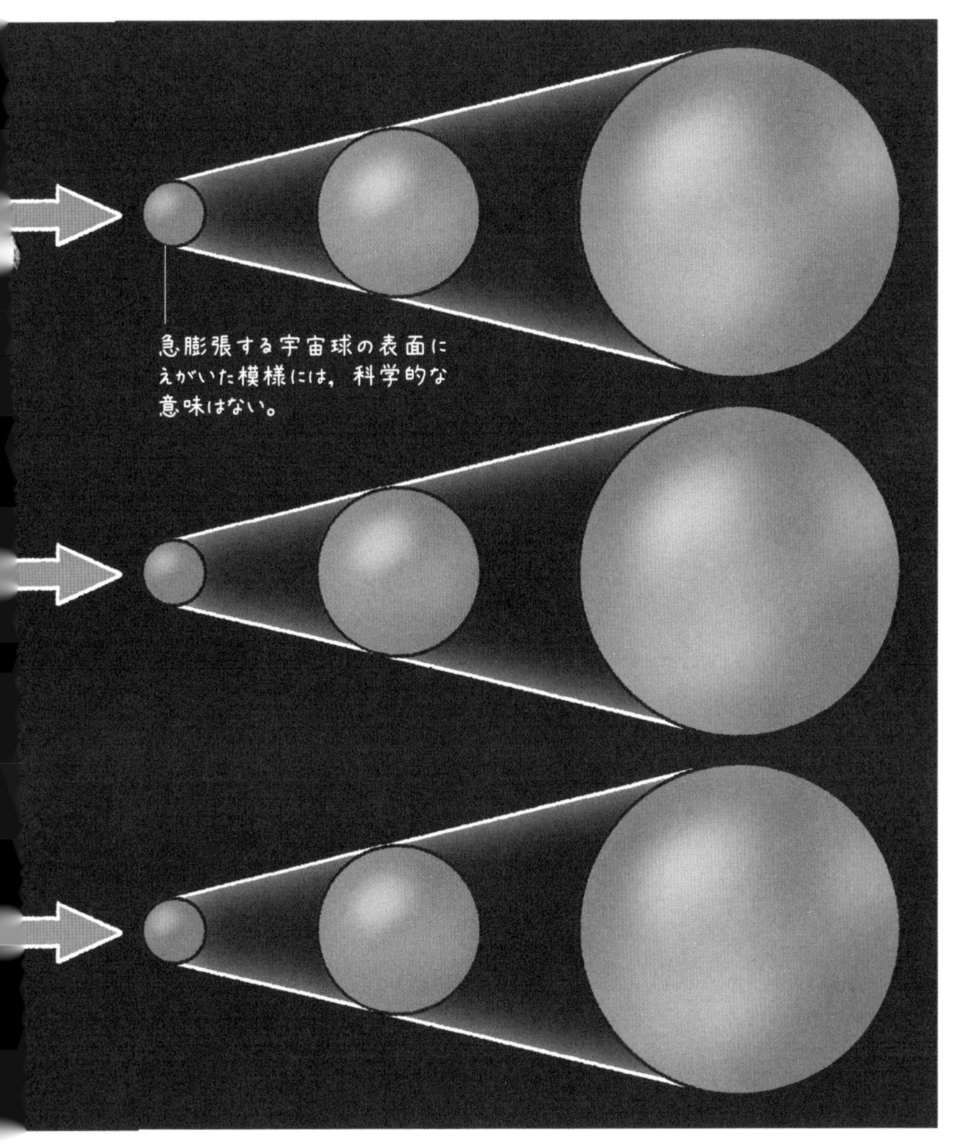

宇宙誕生時，奇妙な時間が流れていた!?

ビレンキン博士が無からの宇宙創生説を示した翌年，ホーキング博士もまた，アメリカの物理者**ジェームズ・ハートル**（1939～　）とともに，宇宙創生論を発表しました。これは**無境界仮説**というものです。

むきょうかいかせつ？

はい。先ほどお話ししたように，一般相対性理論だけを使って導かれたモデルだと，宇宙のはじまりは「特異点」となってしまいましたね。

そうでしたね。それで，特異点では普通の物理学だと計算が破たんしてしまうので，宇宙誕生の瞬間を解明できないということでした。

その通りです。
ところが，無境界仮説によると，宇宙が生まれたときに**虚数の時間**が流れていたと仮定すれば，宇宙のはじまりの特異点の問題を回避できるといいます。

それはいいですね！
……って，「虚数の時間」ってどういう時間なんですか？

私たちのまわりでは，実数の時間が流れています。**実数**の時間と，虚数の時間では，物体の運動の向きが逆になります。

どういうことですか？

虚数時間の世界では，力を受けた物体が，力とは逆向きに動くのです。
だからたとえば，下に引っ張る重力を受けたリンゴは，実数時間の世界では下に落ちていきますが，虚数時間の世界では上に上がっていくことになります。

そんなバカな!?

実数時間の世界　　　　虚数時間の世界

あるいは坂道であれば，虚数時間の世界では，ボールは坂を自然に上る運動になります。見方を変えれば，実数時間の世界では上り坂だった坂が，虚数時間の世界では下り坂とみなせるわけです。

あれ？
ってことは，さっきのトンネル効果だと……。

よく気がつきました！　これを宇宙誕生の瞬間にあてはめて考えてみましょう。**生成してすぐに消滅する宇宙の“卵”が，急膨張する宇宙に転じるためにこえるべき高い“山（エネルギーの障壁）”は，虚数時間が流れていると，実質的に“谷”になります。**
そのため宇宙の卵は，この“谷”を難なく下って急膨張する宇宙に転じることができるわけです。
つまり，虚数時間が流れていたと仮定することで，宇宙創生時のトンネル効果を自然に説明することができるというわけです。

宇宙の卵は谷を下って，急膨張する宇宙になったのかもしれないんですね。

その通りです！　そしてトンネル効果で“山”を抜けた瞬間，実数時間に切りかわるのです。

ほぇ〜……。
衝撃的なことばかり続いて，頭がパンクしそうです。

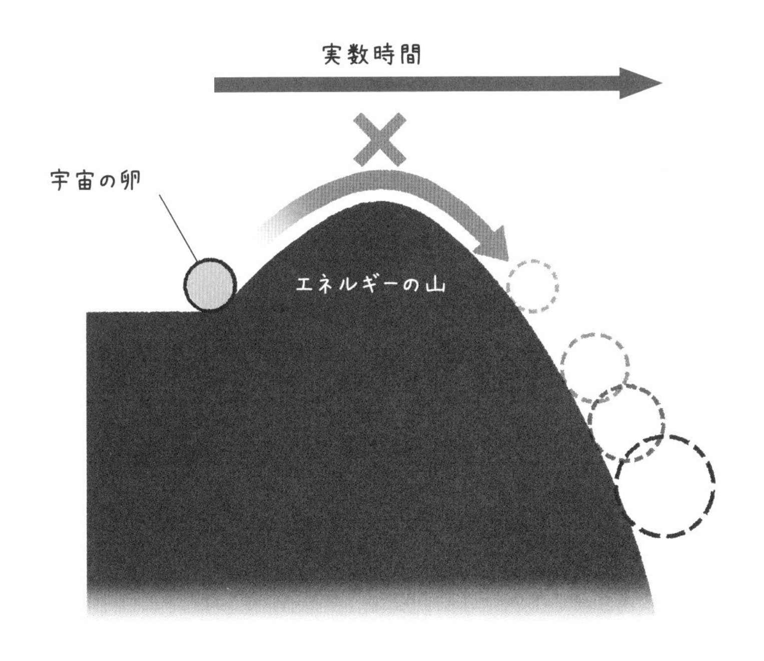
実数時間
宇宙の卵
エネルギーの山

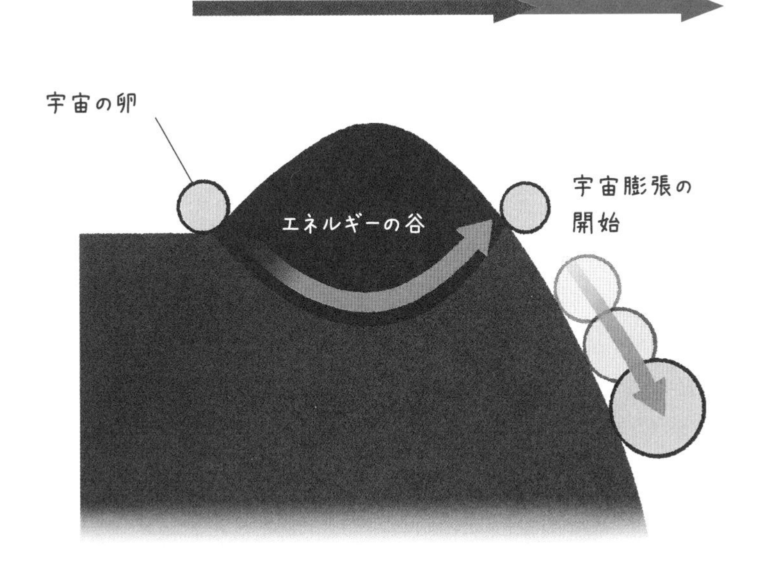
虚数時間
実数時間
宇宙の卵
エネルギーの谷
宇宙膨張の
開始

また，虚数時間が流れる世界では，計算上，空間と時間を同じレベルであつかえます。
そして宇宙のはじまりで空間と時間が同等になると，宇宙のはじまりは計算不可能な特別な点（特異点）ではなくなり，ほかの時期の宇宙と何ら区別されない，ということになります。

それって，どういうことです？

南極点は地球の南端（＝宇宙のはじまり）ですが，地球上のほかの点（＝宇宙のはじまり以外）とくらべて特別に変わった場所というわけではないですよね。ちょうど，これと似ています。

特異点という，ある特定された一点じゃなくなる，ってことですか。

そうです。空間と時間を同等に考えることによって，宇宙のはじまりは，ある一点ではなく，なめらかなボウル状になり，特異点を**回避**できるわけです。

なるほど～。
だから「無境界」っていうのですね！

これらのモデルは，一般相対性理論に単純化した量子論を適用してつくりだされたものです。正確に宇宙誕生の瞬間を解き明かすには，量子論を進化させて，ミクロな世界の重力をあつかえる**量子重力理論**を完成させないといけません。

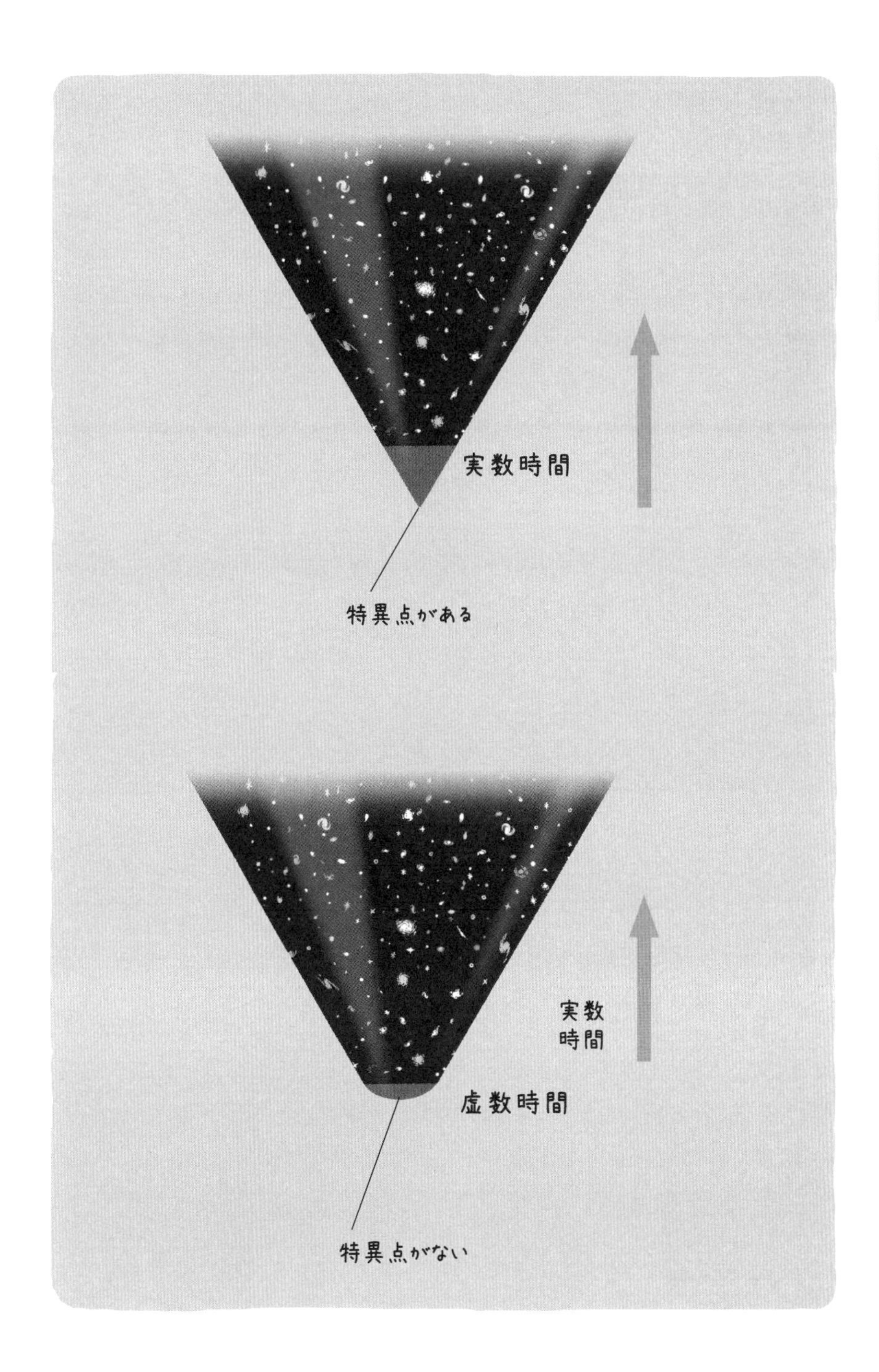
実数時間
特異点がある
実数
時間
虚数時間
特異点がない

偉人伝❶

宇宙膨張を発見，エドウィン・ハッブル

エドウィン・ハッブルは，1889年に，アメリカのミズーリ州で生まれました。中学・高校時代，スポーツの才能に恵まれ，ボクシングやバスケットボールなどで活躍しました。

ハッブルは，シカゴ大学に入学し，数学や天文学などを学びます。1910年に卒業したのち，イギリス，オックスフォード大学に奨学生として留学し，法学を学びました。その後は，弁護士としてはたらきますが，天文学の道をあきらめられず，シカゴ大学のヤーキス天文台で天文学の研究に取り組むようになります。1919年，アメリカ，カリフォルニア州にあるウィルソン山天文台に移り，生涯，この天文台で過ごしました。

天の川銀河の外にも宇宙が広がっている

ハッブルは，当時の宇宙観を大きく変えてしまう発見をしています。宇宙には，ガスやちりが集まってできた「星雲」という天体があり，天文観測によって，ぼんやりと広がった雲のような姿を見ることができます。20世紀に入るまで，われわれが住む天の川銀河の外にある銀河も，天の川銀河の中の星雲だと考えられていました。天の川銀河こそ宇宙そのものだと考えられていたのです。しかし，1920年代に入ると，一部の星雲が天の川銀河と同じく巨大な星の集団ではないかという考えがおき，二つの考えの間で大論争がおきます。

そんな中ハッブルは，アンドロメダ星雲（銀河）という星雲の中にセファイド変光星という距離をはかる目安になる星

を1923～1924年の観測で見つけだします。

それをもとに距離を計測したところ，天の川銀河の直径よりもずっと遠い場所にあることがわかりました。つまり，アンドロメダ星雲は，天の川銀河の中の天体ではなく，天の川銀河と同じような銀河だと判明したのです。この発見により，天の川銀河は宇宙のすべてではなく，天の川銀河の外にも宇宙が広がっていることが明らかになりました。

宇宙は膨張していた

さらに1929年，ハッブルは天文観測から，天文学史の中でも重要な論文を発表します。その論文は「多くの銀河は私たちから遠ざかっており，その速度は遠い銀河ほど速く見える」と述べたものです。これは，宇宙空間が膨張していることを示す結果でした。ハッブルは，宇宙は永遠に不変だという考え方を否定し，宇宙は膨張している，という現在の宇宙観をもたらしたのです。

偉人伝❷

宇宙の謎にせまった天才物理学者，
スティーブン・ホーキング

イギリスの理論物理学者，スティーブン・ホーキングは，第二次世界大戦まっただなかの1942年，オックスフォードで生まれました。子供のころから数学や物理に対して，素晴らしい才能を発揮したホーキングは，オックスフォード大学の物理学部で学び，相対性理論や量子論に興味をもちました。1962年に同大学を首席で卒業したのち，相対性理論と量子論をより深く研究するためにケンブリッジ大学大学院の研究生となり，1966年にケンブリッジ大学トリニティ校で学位を取得し，1977年より同大学の教授となりました。

特異点の提唱と，難病の発症

1963年，ホーキングは，イギリスの物理学者ペンローズとともに，一般相対性理論にもとづいて，「特異点定理」を発表します。これは，「エネルギーの密度が正で，重力によって時空がゆがんでいる場合には，特異点が存在する」というもので，ブラックホールの内部には特異点があることが証明されました。

しかし，ホーキングの人生は順風満帆だったわけではありません。ケンブリッジ大学大学院在学中に，ホーキングは難病である筋委縮性側索硬化症という病気にかかり，車いすの生活を余儀なくされたのです。しかし，ホーキングはそれでもくじけることなく研究を続けたのです。

偉大な業績と，一般への啓蒙

1974年には，量子論の考えを用いて，ブラックホールが素粒子を放出することでその力を弱めていき，やがて消滅するという，ホーキング放射という理論を発表します。これらの業績から，ホーキングは1974年に，イギリスの代表的な学術組織であるロンドン王立学会（ロイヤル・ソサエティ）の，最年少会員（32歳）に選ばれます。1985年，肺炎にかかったホーキングは，その治療のため気管の手術を行ったことで話すことができなくなり，合成音声装置で会話せざるをえなくなります。それでも彼は研究を続け，のちに無境界仮説を提唱します。これは自らが提唱した特異点定理を乗りこえる仮説であり，宇宙論と量子論を結びつけるという，物理学への貢献をもたらすこととなりました。

ホーキングは一般向けの書籍を執筆したり，学生たちと講演で意見交換をするなど，一般への科学の啓蒙にも力を入れていましたが，2018年にケンブリッジの自宅で亡くなりました。74歳でした。

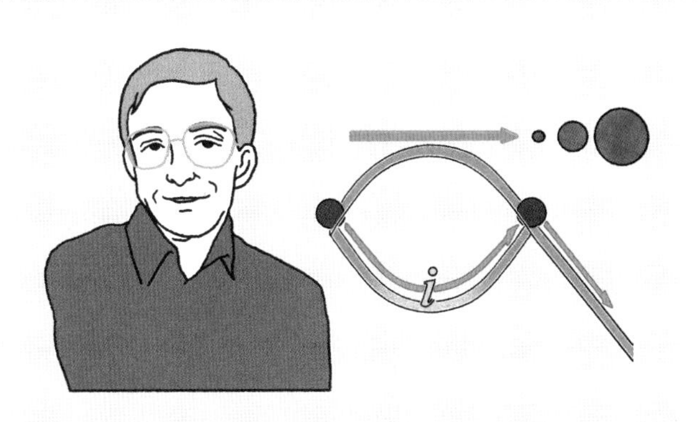

2 時間目

天体時代の終わり

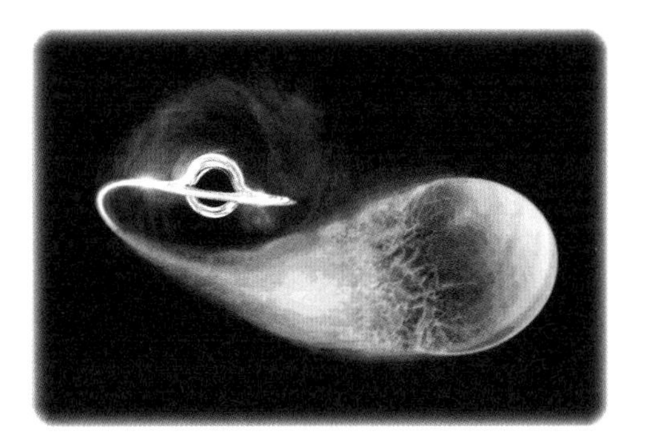

STEP 1

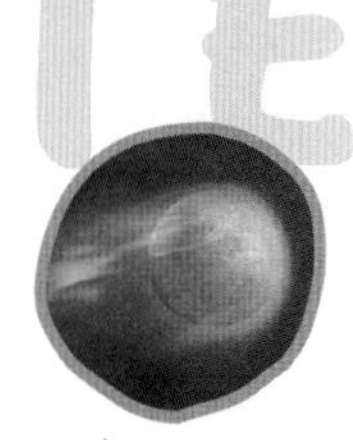

地球と太陽の死

私たちの地球，そして最も身近な存在である太陽にも，終わりは訪れます。私たちが属する太陽系の最期は，どのようなものなのでしょう。

30億年後，太陽の明るさが1.2倍になって，地球は灼熱状態に

先生，宇宙が終わるということは，当然，この明るい太陽も，私たちが生活している地球もやがて終わるときがくるわけですよね。

そうですね。残念ですが，太陽系も永遠の存在ではありません。恒星や惑星，銀河など，すべての天体に終わりはやってきます。太陽は将来，どんどん大きくなっていき，惑星たちを飲み込んでいくと考えられているのです。そしてその後，太陽は燃えつき，死をむかえると考えられています。

太陽が燃えつきる……。
想像もできないのですが，地球はどんなふうになってしまうのでしょう。すごく不安になってきてしまいました。

たしかに地球や太陽系は永遠ではありませんが，それははるか先のお話です。あまり不安にならないでください。

ここからは，恒星や惑星，銀河の終わりについて，そのメカニズムも含めて，順番に見ていきましょう。

お願いします！

最初に，30億年後の地球と太陽の未来を見ていきましょう。今から**46億年前**という途方もない大昔のこと，宇宙空間をただようガスが重力によって集まり，やがて輝きを放ちはじめました。これが太陽です。

地球に光をもたらしてくれる，太陽の誕生ですね。

はい。とはいえ，誕生後しばらくして活動が落ち着いた太陽は，現在の**70%**ぐらいの明るさしかなかったと考えられています。つまり太陽は，46億年をかけてゆっくりと輝きを増してきたのです。

へぇ，そうなんですか？　ということは，ひょっとして太陽は今も明るくなり続けているんですか？

その通りです。**太陽は，30億年後には現在の1.2倍の明るさになると考えられています。**

ひゃー！

太陽の明るさが1.2倍って，気温も上がりそうですね！

まさにおっしゃる通りです。太陽が明るさを増すにつれて，地球の気温はどんどん上昇していきます。

すると海は完全に干上がってしまい，地球は灼熱の大地と化してしまうでしょう。地球は，生命の死滅した**“死の星”**となってしまうのです。

そんなぁ！

“水の惑星”といわれているこの地球がですか!?
ちょっと考えられません。
そもそもどうして太陽は明るくなっていくんですか？

その原因は，太陽の中心部でおきている**核融合反応**にあります。核融合反応をおこしているのは，太陽の質量の70％以上を占める**水素**です。
実は太陽は，ガスのかたまりです。現在の太陽の表面温度はおよそ6000度，中心部の温度は**1500万度**にも達します。
これほどの高温のため，太陽内部の原子は，原子核と電子がバラバラの状態になって飛びかっています。

そんな状態なんですね。

超高温・超高圧の環境である中心部では，飛びかう水素の原子核（陽子）どうしが衝突し，より重い原子核がつくられることがあります。これが，水素の核融合反応のしくみです。
そして水素の核融合反応がおきると，最終的に**ヘリウム原子核**が生成されます。
この反応の過程で，膨大なエネルギーが放出され，太陽を輝かせているのです。

原子核どうしが衝突することで重い原子核ができるから核融合っていうんですね。

そうです。

水素の核融合反応

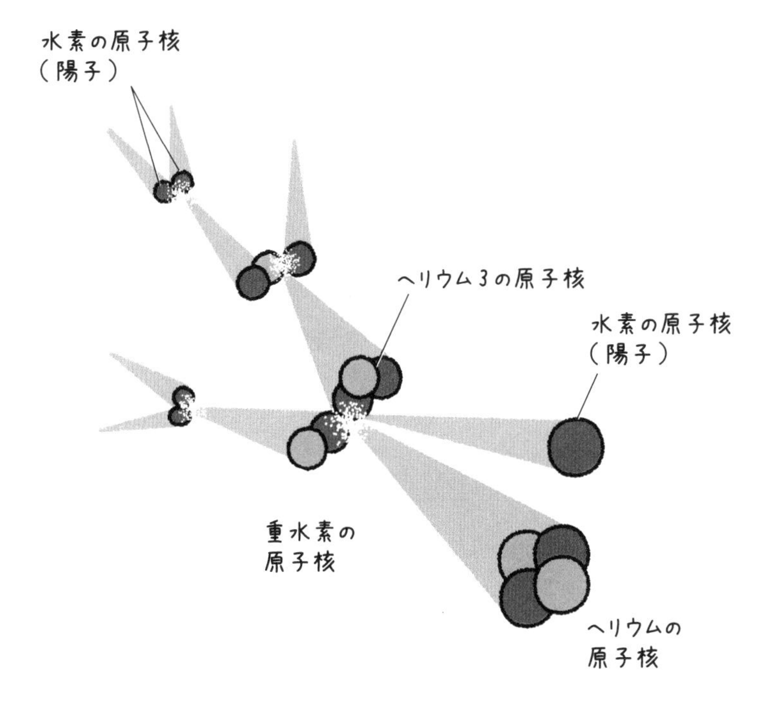

4個の水素原子核（陽子）から，ヘリウムの原子核がつくられる。

1個のヘリウム原子核が生じるには4個の水素原子核が必要なので，反応の進行とともに中心部の粒子の数が減っていきます。そうなると，圧力が減少してみずからの重力によって中心部が**収縮**します。
すると，その影響で温度が上昇して，核融合がより活発におきるようになります。
こうして，放出されるエネルギーが大きくなり，太陽は明るくなっていくのです。

39億年後，私たちの銀河とアンドロメダ銀河が大衝突

続いて，今からおよそ39億年後にはじまると考えられているビッグイベントについてお話ししましょう。現在，私たちの地球が属している**天の川銀河**は，数千億個もの恒星が集まり，輝きを放っています。そして，天の川銀河のすぐ近所には，といっても約250万光年はなれた場所ですが，1兆個もの恒星が輝く**アンドロメダ銀河**があります。

1兆個！　私たちの天の川銀河よりもけたちがいに星が多いんですね。

実はこの二つの銀河は，たがいの重力によって，秒速約100キロメートル以上で急速に近づいており，39億年後には大衝突を開始すると考えられています。

だ，大衝突～!?

そんなことがおきてしまったら，太陽系なんか一発で吹き飛んでしまうんじゃないですか!?

と，思いますよね？　でも大丈夫。
絶対とはいえませんが，星と星がぶつかることはまれだと考えられているのです。

そうなんですか？
あんなに密集しているのに？

宇宙の写真などを見ると，銀河には星が密集しているように見えますが，実は銀河内の星どうしは，密集しているところでも，2800億～3000億キロメートルほどはなれています。
また，星がまばらな周辺部では，その距離は100倍ほどに広がります。つまり，星どうしの距離は約3光年（約28兆キロメートル）もはなれることになるのです。星をテニスボール（直径6.6センチメートル）だとすると，星と星の間は約13.5キロメートル，周辺部では約1350キロメートルにもなります。
これは大体，青森県と鹿児島県間の距離くらいですね。

えっ，遠！
銀河ってスッカスカなんですね。

ええ。だから，衝突する心配はあまりないでしょうね。
銀河どうしの衝突がおきると，銀河内のガスが圧縮されて，大量の恒星が生まれます。**現在の天の川銀河では，太陽ほどの質量の恒星が1年に1個ほど生まれていると見積もられていますが，衝突中には，この100～1000倍のペースで恒星が生まれるとされています。**

銀河同士の衝突によって輝きを増す夜空

将来，天の川銀河とアンドロメダ銀河が大衝突をおこすと考えられている。そのとき，アンドロメダ銀河の星々や新たに生まれた星々が一面を埋めつくし，非常に明るい夜空になるという。

うわ，すごい！ そのとき夜空を見上げたら，アンドロメダ銀河の星や，新たに生まれた星々が夜空一面を埋めつくしている感じですか？

そうですね。前のページのイラストのように，非常に明るい夜空を見ることができるでしょう。ただし，それぞれの星どうしはすり抜けていきますが，たがいを通り抜ける際に，銀河の構造は大きく乱れます。なぜなら，相手の銀河の重力の影響を受けて，それぞれの星の運動が変化するからです。

なるほど～。銀河の渦巻き形がくずれちゃうんですね……。とはいえ，私たちの太陽系は，大きな変化はなさそうですね。ぶつかるわけじゃないし。

ところが，そうでもないんですよ。
ハーバード大学のチームが2008年に行ったコンピューターシミュレーションによると，両銀河がすり抜けたあと，太陽系がアンドロメダ銀河に“持っていかれる”可能性が3％ほどあるそうです。

持っていかれる!? 地球が，天の川銀河じゃなくて，アンドロメダ銀河の所属になるってことですか？

そういうことです。もしそのとき人類が存続していたら，自分たちがいた天の川銀河の全貌を，外からながめることができる，ということになります。

不思議だなあ。

さらに，両銀河はすり抜けて終わりというわけではありません。たがいの重力によって引き合い，ふたたび接近します。こうして衝突をくりかえし，最後は一つにまとまっていくのです。

最後は一つになる!?
一体どんな形状になるんですか？

最終的には渦巻銀河ではなく，**楕円銀河**になると考えられています。つまり，球状またはラグビーボール状の銀河になるのです。そしてそうなるには，数十億年かかるそうです。

壮大ですね……。

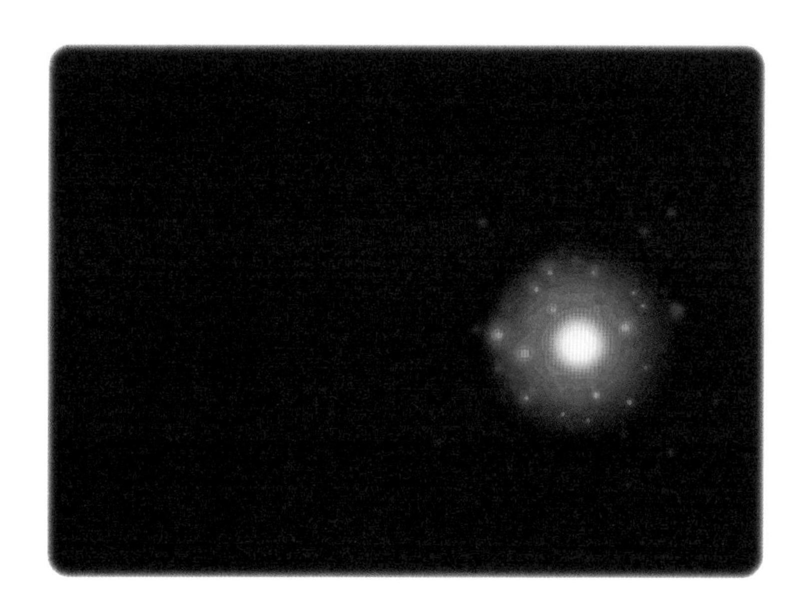

現在

1. 銀河が接近
たがいの重力で引きあい，天の川銀河とアンドロメダ銀河は接近する。

天の川銀河

アンドロメダ銀河

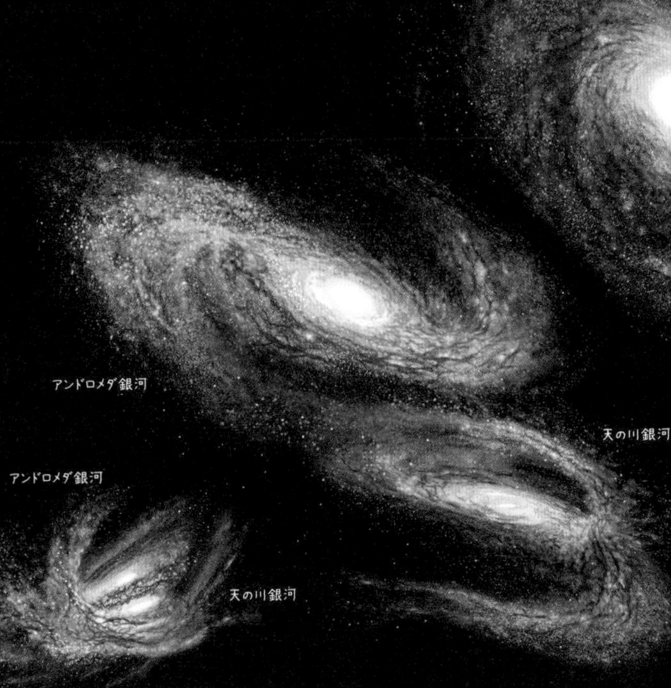

約39億年後

2. 中心部の衝突
約37億年後に銀河の端のほうで衝突がはじまり，約39億年後には中心部が衝突する。最接近時の速度は，秒速600キロメートル近くになるという。基本的に星どうしはぶつからず，たがいの銀河を通り抜ける。銀河が衝突すると，二つの銀河にあった星の材料（星間ガス）が濃縮され，たくさんの新しい星が生まれる。

約40億年後

3. 通り抜けて遠ざかる
衝突した二つの銀河は，接近の勢いによって，たがいの銀河を通り抜けたあと，遠ざかってゆく。両銀河は，たがいの重力の影響を受けて，形が大きくくずれる。衝突時に生まれた新しい星々は，それぞれの銀河とともに移動する。

約47億年後

4. ふたたび接近開始
一度遠ざかった両銀河は，いったんはくずれた渦の形を復活させながら，たがいの重力に引き寄せられて，ふたたび近づきはじめる。

アンドロメダ銀河

約60億年後

7. 巨大楕円銀河へ
たびかさなる衝突によって，渦巻き構造がなくなり，二つの銀河は合体して楕円銀河になる。渦巻銀河だったときは，内部の星々は銀河円盤内を比較的規則正しく回転していたが，楕円銀河になるとそういった特定の運動方向はなくなる。楕円銀河内の星は，各自ばらばらな方向へ動く。

約51億年後

5. 2度目の衝突
たがいの重力によって引きあい，2度目の衝突がおきる。1度目の衝突のときと同じく，接近の勢いで両銀河はたがいを通り抜けるが，やはりたがいの重力で引きあい，再度接近する。

アンドロメダ銀河

天の川銀河

天の川銀河

約56億年後

6. 渦がほぼ消失
二つの銀河は，衝突→通り抜け→再接近→衝突→…という一連の流れを何度もくりかえし，一つの銀河にまとまっていく。衝突をくりかえすたびに形がくずれ，渦巻き構造は失われていく。

銀河が衝突して，膨大な星が誕生

銀河が衝突すると，何がおきるのか，もう少しくわしくお話ししましょう。下のイラストは，一般的な渦巻銀河の断面図と，銀河の周辺部および中心部の星の密度を示したものです。

先ほどもお話ししましたが，銀河内の星の分布にはむらがあり，中心部に星は密集していて，外側に行くほど星の数は少なくなります。

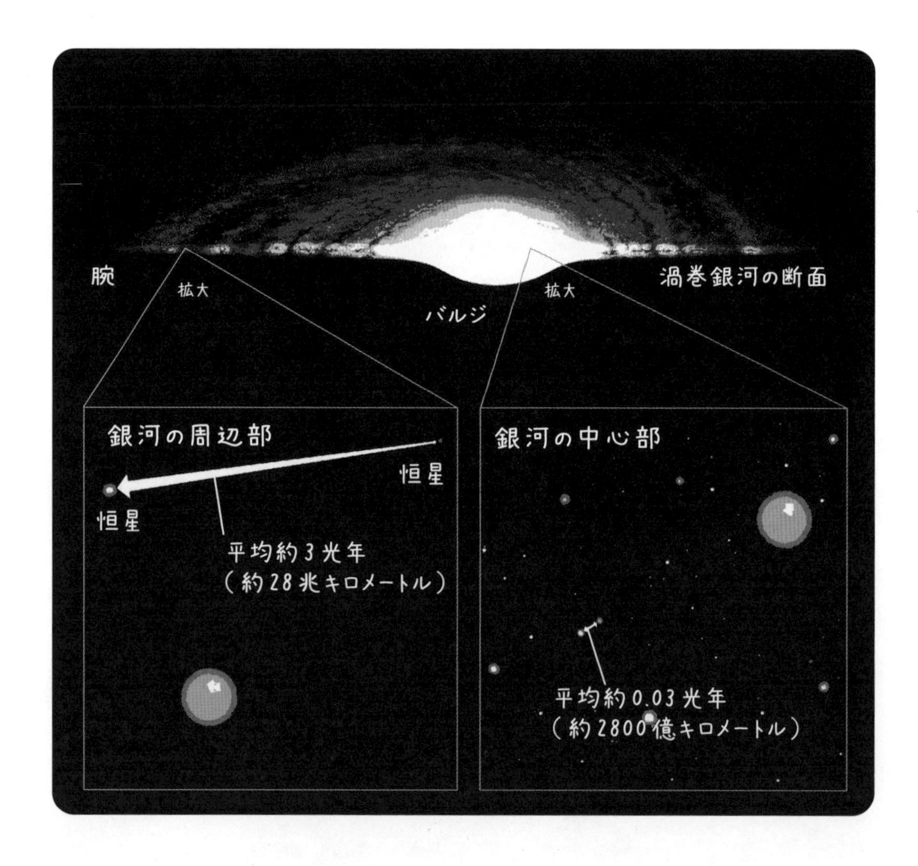

周辺部では，星をテニスボールぐらいの大きさに換算すると，鹿児島から青森ぐらいまではなれているって。

はい。それだけはなれているので星どうしはぶつからずにすれちがえるわけです。
しかし，気体だとそうはいきません。銀河内の星と星の間には何もないわけではなく，水素を中心とする**星間ガス**とよばれる気体が薄く広がっているのです。

そういえば，衝突がおきると，ガスが圧縮されて，そのせいで星が大量に生まれるんですよね。それが星間ガスですか。

その通りです。
星間ガスの平均的な密度は，1立方センチメートルあたり原子（もしくは分子）1個程度です。
星間ガスは場所によって濃淡があり，渦巻銀河の場合，「腕」の部分に多く存在します。

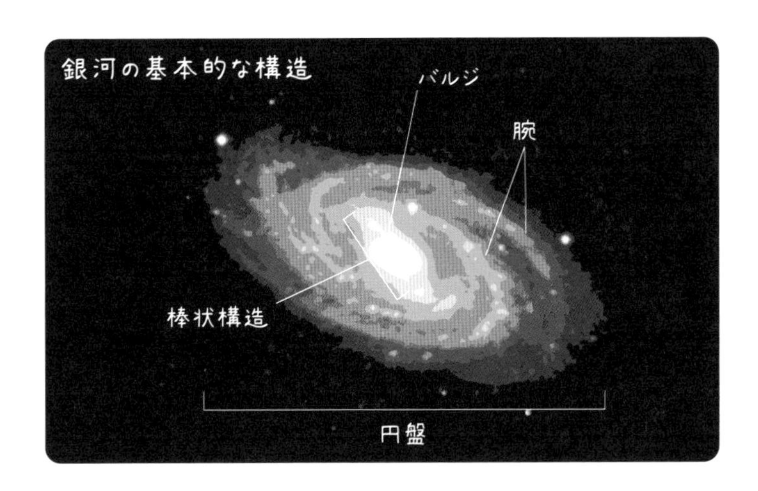

えっ，そんなに少ないんですか。

ふふふ。それがそうでもないのですよ。
次のイラストは，二つの渦巻銀河AとBが衝突したときに，それぞれの銀河に含まれる星間ガスがどのような動きをするかを示したものです。
ここでは星間ガスをピンク色で表現しており，ピンク色が濃いほどガスが濃いことをあらわしています。

ふむふむ。

銀河の円盤上に広がる星間ガスは，銀河とともに移動します(1)。銀河が衝突すると，たがいにすれちがう星々とはちがい，星間ガスはぶつかってしまいます。それにより，二つの銀河がもっていた星間ガスが**濃縮**されます(2)。銀河の衝突によって星間ガスが濃縮されると，その密度は数万倍にも上昇するといわれています。

数万倍!?

すごいでしょう。星間ガスは星の材料となる物質です。
その星間ガスの密度が高まると，どうなるでしょう？

星が生まれるんですね！

その通り！
星間ガスの密度が一定以上に高まると，ガス自身の重力によってガスのかたまりは収縮をはじめます。

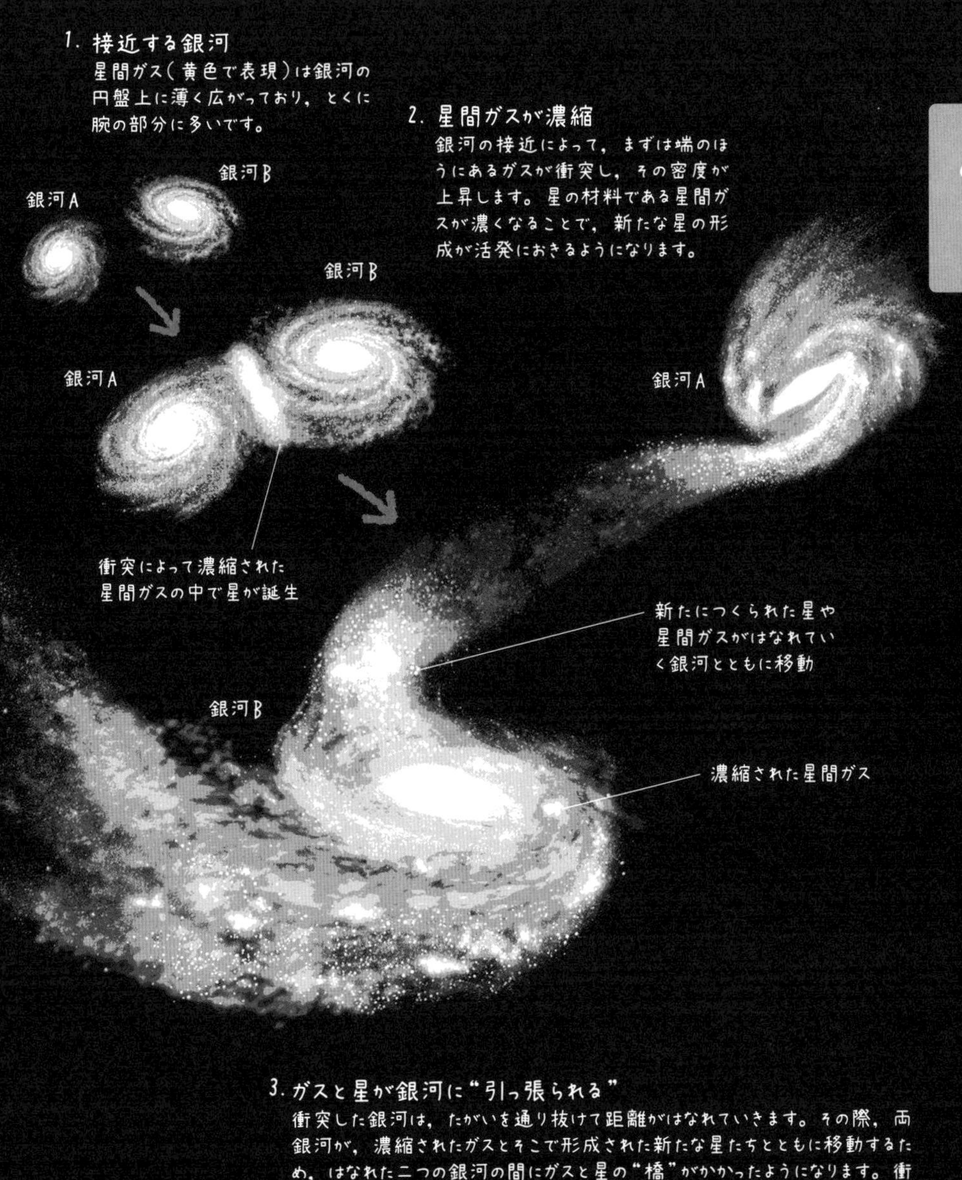

1. 接近する銀河
星間ガス（黄色で表現）は銀河の円盤上に薄く広がっており，とくに腕の部分に多いです。

2. 星間ガスが濃縮
銀河の接近によって，まずは端のほうにあるガスが衝突し，その密度が上昇します。星の材料である星間ガスが濃くなることで，新たな星の形成が活発におきるようになります。

3. ガスと星が銀河に“引っ張られる”
衝突した銀河は，たがいを通り抜けて距離がはなれていきます。その際，両銀河が，濃縮されたガスとそこで形成された新たな星たちとともに移動するため，はなれた二つの銀河の間にガスと星の“橋”がかかったようになります。衝突を経た銀河の円盤上には，ガスが濃縮された領域が散在するようになるといいます。渦のところどころにある濃いガスの中で，星形成が活発におきます。

そして，小さな“星の種”，つまり**原始星**ができます。原始星は周囲のガスを取り込んで成長し，やがてみずから光り輝く星，**恒星**になります。

銀河が衝突すると，新しく星が生まれるって，そういうしくみだったんですねえ。

一般的に，銀河が衝突すると，1年間に太陽の質量に換算して数十～数百個もの大量の星が生まれるようになると考えられています。
こうして銀河衝突は，銀河の規模や形を進化させていくのです。

60億年後，太陽が膨張して，水星と金星は飲み込まれる

つづいて，60億年後の未来です。
このころ，太陽の中心部では，核融合の燃料である水素が，つきてしまうと考えられています。
水素がつきると，太陽は急激にふくれはじめます。そして，20億年ほどかけて直径が現在の170倍に膨張し，**赤色巨星**になるのです。

赤色巨星……直径が今の170倍……。
一体惑星たちはどうなってしまうのでしょう？

膨張にともなって太陽からは大量のガスが放出されます。すると太陽の重力が弱くなり，惑星の軌道は現在よりも広がると考えられます。
ただし，水星と金星はふくれあがった太陽から逃れられず，飲み込まれてしまいます。飲み込まれたら最後，惑星たちはやがて崩壊し，蒸発してしまうでしょう。

げげっ！
地球も飲み込まれちゃうんですか!?

いいえ，このときにふくれあがった太陽は，地球の軌道にまでは達しないと考えられています。
しかし地球は，太陽の重力の変動の影響を受け，太陽系の外に投げだされる可能性もあるようです。

投げだされる……。

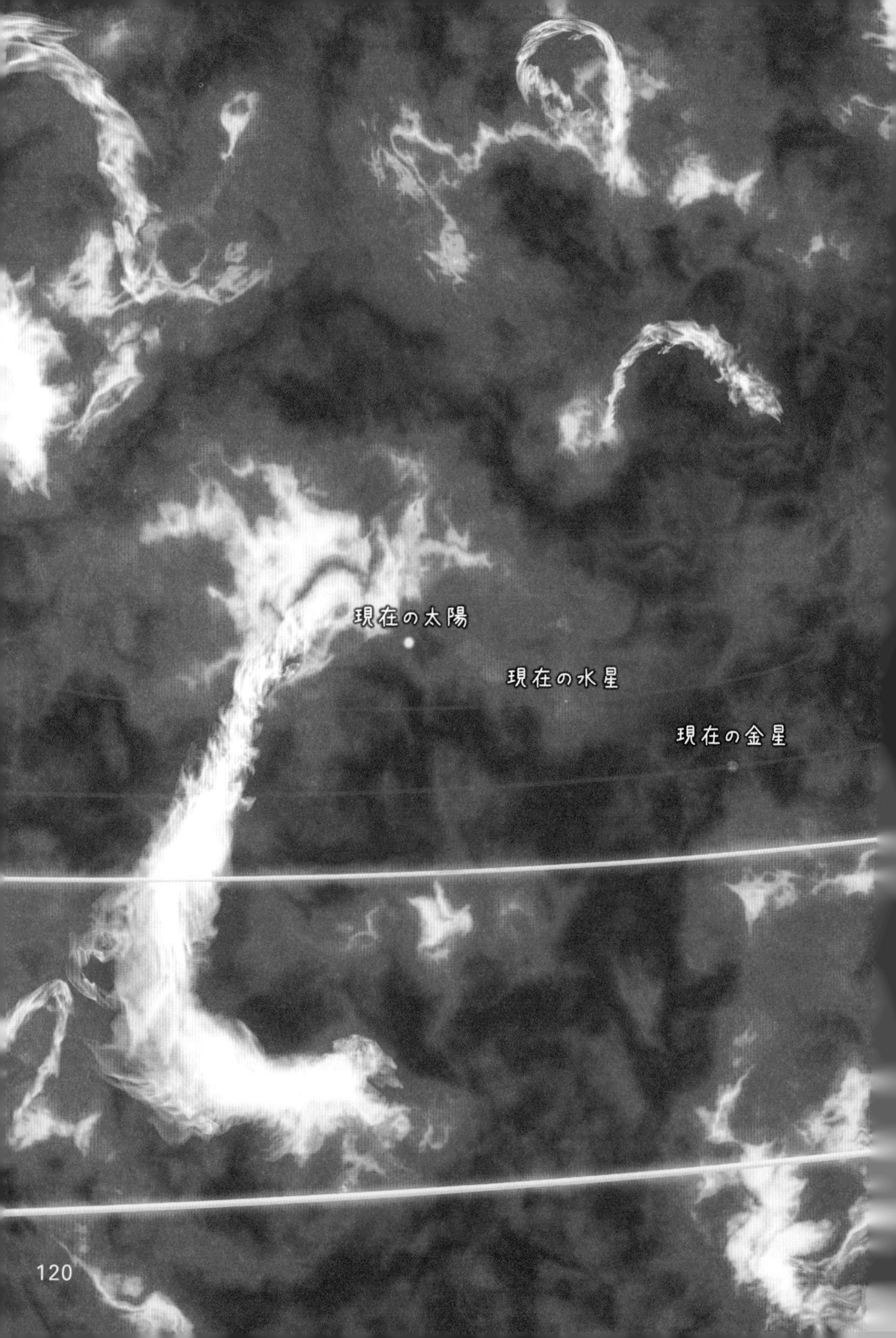

現在の太陽

現在の水星

現在の金星

現在の地球

現在の火星

170倍にふくれあがった太陽

先生，どうしてそんな「大膨張」がおきるのですか？

太陽の中心部の水素が燃えつきると，次はヘリウムが燃料となります。しかし水素が燃えつきた段階の太陽の中心部は，ヘリウムの核融合をおこすほどの温度には達していません。ヘリウムの核融合をおこすには，約1.5億度もの温度が必要なのです。
そのため，水素による核融合のエネルギー放出が収まった中心部は，太陽自身の重力による収縮をガスの圧力でおさえることができなくなり，中心部は一気に収縮します。

中心部から押し返せなくなっちゃうんですね。

そうです。
中心部が収縮することにより，今度は温度が急激に上昇し，中心部の周囲に残っていた水素が核融合反応をおこしはじめます。
こうして発生したエネルギーが，さらに外側にあるガスを押し広げるため，大膨張がおきるのです。

なるほど……。
中心部が収縮することで，核融合が進んで，太陽は膨張するんですね。

80億年後，再膨張をはじめた太陽に地球が飲まれる

30億年後には，太陽は巨大化して地球は干上がって，60億年後にはさらに巨大化して，水星と金星を飲み込んで，地球を軌道から放りだすだなんて……。
先生，このままいくと，太陽はどうなるんですか!?
やがてドッカーンと爆発してしまうわけですか？
地球だって，無事ではないですよね!?

まあまあ，落ち着いて。
続きを見ていきましょう。

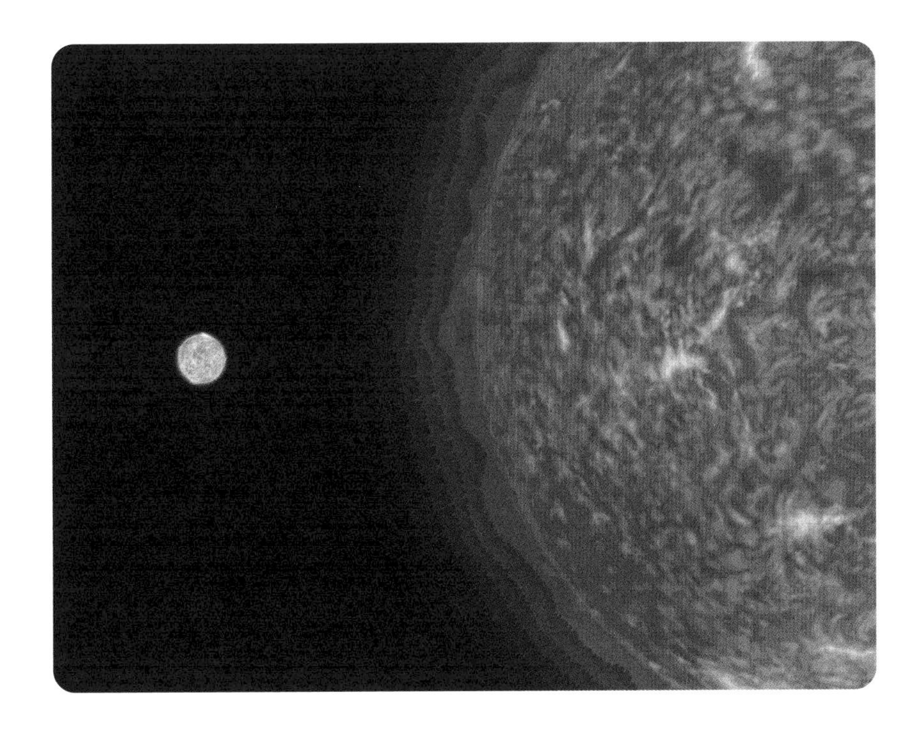

大膨張をとげた太陽ですが，これで終わりではありません。太陽は，今度は急激な**収縮**に転じ，現在の太陽の10倍程度の大きさにまで縮むのです。
この収縮がはじまるのは，今からおよそ**80億年後**といわれています。

えっ，**今度は縮む!?**

はい。中心部の温度がおよそ1.5億度に達し，ヘリウムが核融合反応をおこしはじめるからです。
ヘリウム原子核どうしの核融合反応によって**炭素**の原子核がつくられ，さらに炭素の原子核とヘリウム原子核が核融合反応をおこすことで，**酸素**の原子核がつくられます。このヘリウムの核融合反応がはじまると，太陽の圧力が安定し，膨張が止まります。そして広がっていたガスが重力によって縮み，現在の10倍程度の大きさにまで戻るのです。

ずいぶん小さくなるんですね。
それにしても80億年後って，壮大なスケールですね……。
じゃあ太陽は，最後は小さく縮んで終わってしまうのですか？

それが，ちがうのです！
収縮も束の間，1〜2億年後には，またまた大膨張をはじめるのです！

またまた大膨張!?

しくみは，赤色巨星になるときと同じです。
今度は中心部でヘリウムが燃えつきることで，水素のときと同様のメカニズムによって大膨張をはじめます。
ただし，今度は赤色巨星のときよりもさらに大きい**漸近巨星分枝星**（ぜんきんきょせいぶんしせい）になります。
このときの大きさは，現在の600倍に達する可能性もあります。

ろ，600倍～!?

この段階では，大量のガスを放出してきた太陽の質量が減少しているため，地球の軌道は今よりも広がっていると考えられます。
地球は，膨張して希薄になった太陽の中をしばらく公転しつづけます。しかし，やがてガスの抵抗を受け，地球は徐々に太陽の中心へと落下していきます。そして，太陽の重力（正確には「潮汐力」）によって地球はいずればらばらになり，その破片は溶けて，蒸発してしまうことになるでしょう。

本当の死をむかえるのですね……。

ちなみに，このときの大膨張は，地球だけでなく，火星をも飲み込んでしまう可能性もあるようです。

巨大化した太陽

注：地球が飲み込まれない可能性もあります。巨大化した太陽は，ガスを宇宙空間に放出しやすくなるため，軽くなっていきます。すると太陽がおよぼす重力も弱くなり，地球やその他の惑星は現在より外側を公転するようになります。また，ガスの放出量が多いと，太陽の最大時の半径も小さくなります。結局，太陽が放出するガスが多ければ，地球は巨大化した太陽に飲み込まれずにすむのです。ただし太陽が晩年，どの程度のガスを放出するのかはよくわかっていません。

水が蒸発し，荒涼とした地球

太陽に飲み込まれていく地球

現在の大きさの200倍をこえる大きさにまで膨張した太陽が，地球を飲み込む。太陽に飲み込まれた地球は，完全な死をむかえる。

200倍以上にふくれあがった太陽

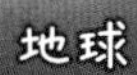

太陽がむかえる美しい最期

地球を飲み込むほどにまで膨張した漸近巨星分枝星の太陽は，膨張と収縮を何度もくりかえすと考えられています。その過程で，太陽をつくっていたガスが宇宙空間に逃げだしていき，太陽はどんどん小さくなっていってしまいます。

どんどん小さくなっていっちゃうんですか。
もう膨張はしないですか。

はい。そして最終的には，地球程度の大きさの小さな中心部だけが残され，**白色矮星**とよばれる天体になります。大きさは地球程度といっても，元の太陽の半分ほどの重さが地球程度の大きさに詰め込まれている，非常に密度の高い天体になります。**その重さは，1立方センチメートルあたり，なんと1トンです。**

おもっ！
実際の車両の重量をもつミニカーみたいな感じですかね。
白色矮星になった太陽は，そんなに熱くないのですか？

いえ，白色矮星の表面温度は**1万度**をこえます。
そして，白く輝くとともに，**紫外線**を大量に放出します。
放たれる紫外線は，周囲に逃げだしたガスを色とりどりに輝かせます。
このような天体は，**惑星状星雲**とよばれます。

うわぁ……。

もうこのときには，太陽系の惑星はみんな飲み込まれてしまい，土星などの外の惑星が生き残って，白色矮星の周囲を回っているだけかもしれません。

なんて美しい光景なんでしょう。

惑星状星雲が輝いている期間は，宇宙の歴史から見ると，ほんの一瞬です。
中心にある白色矮星は核融合反応をおこしておらず，余熱で輝いているだけなので，ゆっくりと冷えていきます。それにともなって，紫外線の放出も1万年程度で止まり，惑星状星雲は輝きを失ってしまうのです。

はかないんですね。

残された白色矮星は，あとは冷えていくだけです。これ以上目立った変化は基本的におきず，白色矮星になった時点で，太陽は実質的な死にいたったといえます。
そして完全に冷えきってしまえば，輝きを失った星の残骸だけが，宇宙空間にぽつんと残されることになります。

どうしても人の一生と重ねてしまいますが……。さびしくも感動的な最期ですね。

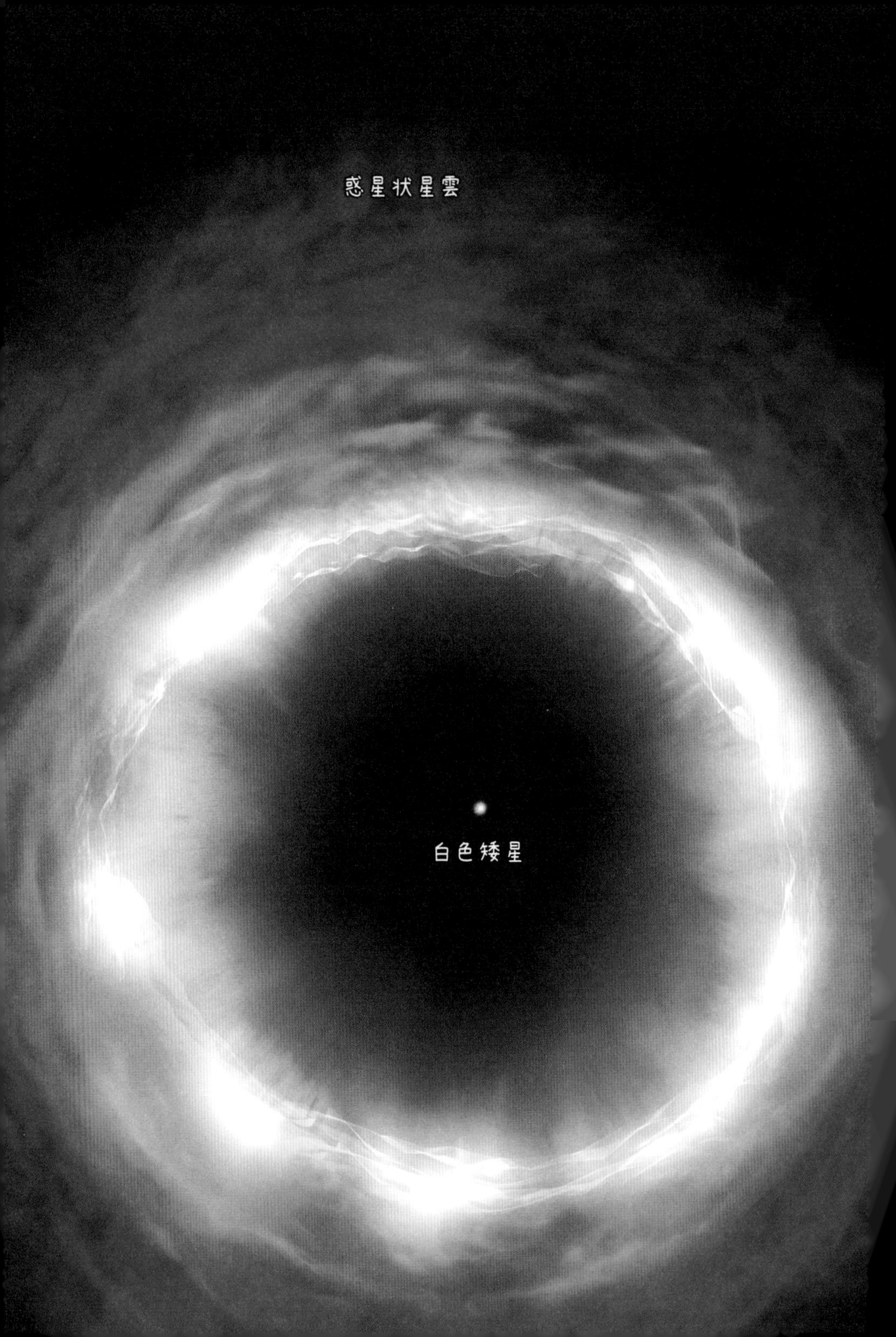

惑星状星雲

白色矮星

残された白色矮星

注：性能のよい望遠鏡がない時代に，恒星のような「点」ではなく，太陽系内の惑星のように広がりのある「円板」に見えたため，「惑星状」と名がつきました。実際はガスが広範囲に広がっただけのものですから，惑星とは関係ありません。

STEP 2

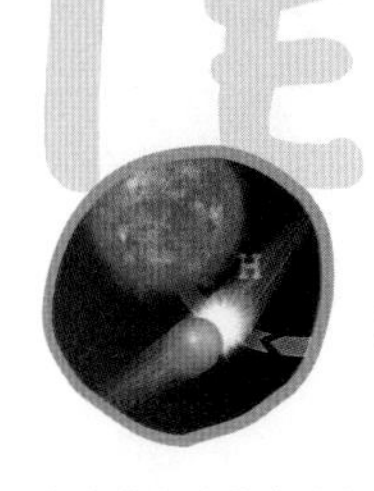

星と銀河の終わり

太陽系以外の恒星の輝きも，失われるときがやってきます。ここでは，銀河や恒星など，天体の終焉のようすをのぞいてみましょう。

1000億年後，銀河がどんどん合体して巨大銀河が誕生

先ほど，私たちの天の川銀河とアンドロメダ銀河が衝突して，一つの楕円銀河になるというお話をしました。
ですが，実はそのほかの銀河とも合体すると考えられているのです。

ほかの銀河!?

はい。そもそも，アンドロメダ銀河と天の川銀河は，**局所銀河群**とよばれる数十個の銀河からなる小規模な集団（銀河群）に属しています。
その集団の中で，この二つの銀河は，群を抜いて大きな銀河です。

銀河の集団の一つだなんて，知りませんでした……。
待ってください，ひょっとして，その局所銀河群のほかの数十個の銀河も，全部合体するとか？

ええ，その通りです。
アンドロメダ銀河と天の川銀河が合体すると，巨大な銀河の重力が発生します。
局所銀河群に属するほかの数十の銀河は，その巨大な銀河の重力によって引き寄せられ，次々と合体していくのです。その結果，局所銀河群はただ一つの楕円銀河にまとまってしまうと考えられています。

わ〜！
数十もの銀河が合体して巨大な楕円形になるなんて……
壮大すぎます……。

もっともっとスケールの大きな話をしましょう。
宇宙には，銀河群以上に大規模な銀河の集団**銀河団**が無数に存在しています。

銀河団？　しかも無数って……。

銀河団は，100〜数千個の銀河からなり，おたがいの重力によって結びついています。

これらの銀河団も，銀河どうしが衝突・合体をくりかえし，数百億から一千億年後ごろには，銀河団が一つの超巨大な楕円銀河へと成長します。

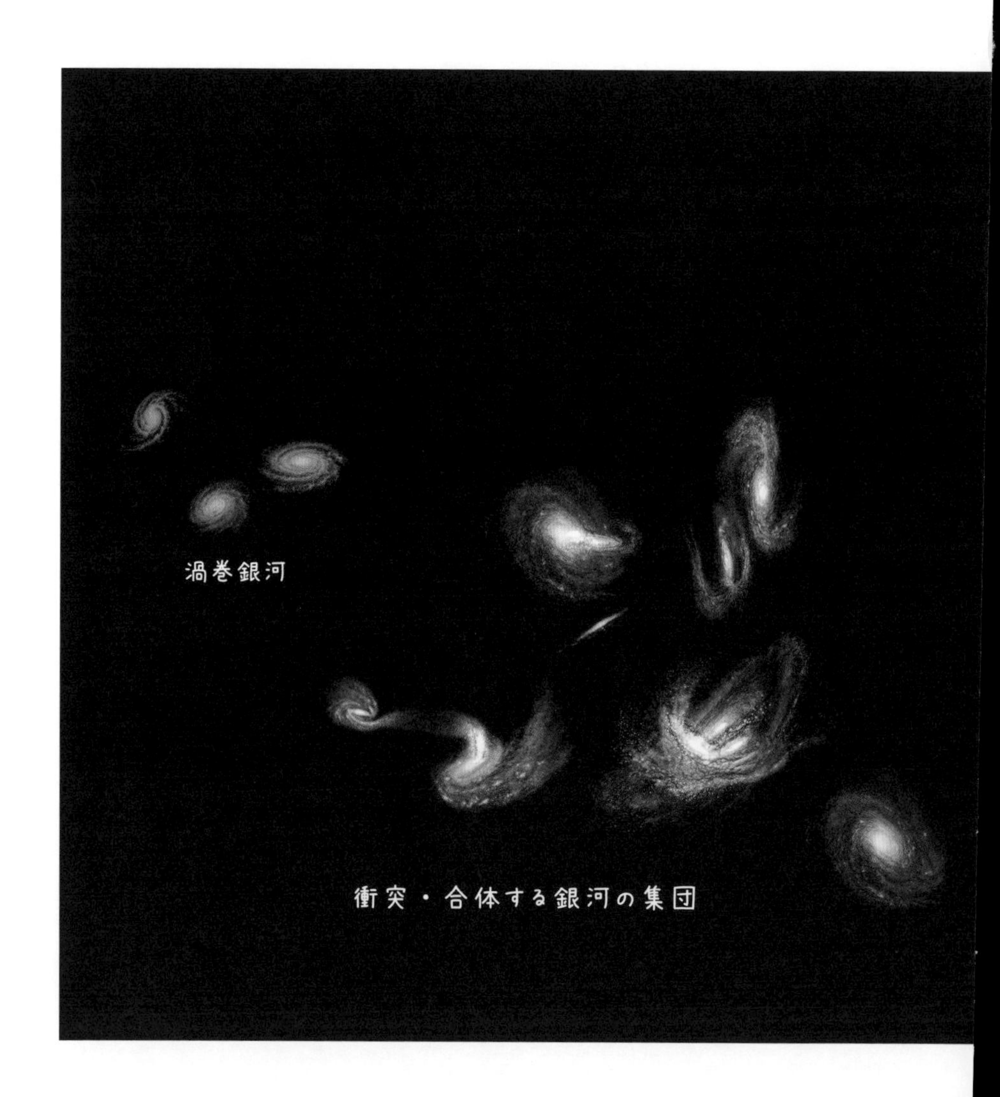

つまり，宇宙に無数に存在する銀河は，超巨大楕円銀河へとまとまっていくわけです。

ひゃ～！

超巨大楕円銀河

楕円銀河とは，球状，もしくは楕円体のような形状の銀河のこと。天の川銀河やアンドロメダ銀河のような渦巻銀河は，円盤部の恒星がほぼ同一の方向に公転している。一方，楕円銀河は，そのような方向性がなく，個々の恒星がさまざまな方向に公転している。銀河どうしが衝突・合体をくりかえしていくと，特定の公転方向をもたない楕円銀河になると考えられている。

さらに合体

じゃあ，いずれ宇宙にあるすべての銀河が一つ残らず合体して，超超超巨大楕円銀河が生まれる!?

残念ながら，宇宙が膨張しているので，そうはならないでしょうね。

えっ，　そうなんですか？
なぜ宇宙が膨張していると，すべての銀河が合体できないんでしょう？

銀河どうしは銀河がもつ重力によって結びついています。重力によって結びついている最大規模の構造が銀河団なんですね。宇宙には，銀河団よりもっと大規模な**超銀河団**などの構造もあります。しかし，それらの構造は，宇宙の膨張の効果がおたがいを結びつける重力よりも膨張の効果が勝つので，たがいにはなれていくのです。
ですから，将来的に一つの巨大な銀河にまとまることはないと考えられています。

なるほど。

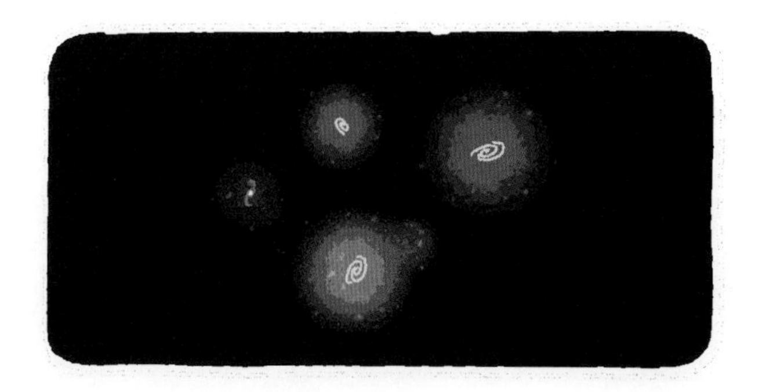

銀河どうしが遠ざかって宇宙がスカスカになる

銀河群や銀河団が超巨大楕円銀河へと成長した**百数十億年後**ごろになると，超巨大楕円銀河の外は，非常に“さびしい世界”になってしまいます。
なぜなら，見える範囲には，ほかの銀河が一つも存在せず，超巨大楕円銀河は宇宙の中で**孤立**してしまうと考えられているからです。

孤立……。
近くの銀河が合体してしまうからですね。

はい。それに加えて，宇宙が膨張しているため，ほかの銀河が見える範囲（観測可能な範囲）の外に追いやられてしまうのです。

見えないところへ，追いやられる!?

はい。そもそも現在私たちが観測できている（見えている）のも，宇宙の全体というわけではありません。
光は秒速約30万キロメートルという猛烈な速さで進みますが，その速度は有限です。そして宇宙の歴史も138億年と有限です。そのため，宇宙誕生から現在までに光が届く距離も有限になります。
つまり，138億光年※より先へは光が届かないので，原理的に観測不可能なのです。

そうか，見える＝光が届くということですからね。

※：これは宇宙の膨張を考慮しない場合の値です。実際は宇宙の膨張によって，光を発した場所は，光が地球に到着するまでの間に遠ざかっています。このことを考慮に入れた場合，観測可能な範囲は460億光年程度になります。

超巨大楕円銀河

超巨大楕円銀河から観測できる範囲には，ほかの銀河が一つも存在しない

ええ。もし，宇宙の膨張速度が今と同じままであれば，1000億年後であろうとも，超巨大楕円銀河は宇宙の中で孤立することはありません。
しかし，宇宙の膨張速度は**加速**していることがわかっています。そのため，となりの超巨大楕円銀河ですら，遠ざかる速さがどんどん増していくことになります。

でも，たとえ銀河が遠くにはなれていくにしても，もともと近くにあったのであれば，光はずっと届きそうな気がするんですけど……。

たとえば，超巨大楕円銀河Aに，私たちがいるとしましょう。そして，別の超巨大楕円銀河Bがあるとします。
1000億年後の宇宙では，空間の膨張が速すぎて，超巨大楕円銀河Bが，Aから遠ざかる速度は，見かけ上，光の速度をこえてしまいます（次のページのイラスト）。

光の速度をこえる!? 光は自然界で一番速いと習ったのですが，光より速いスピードで銀河がはなれていくなんて……，そんなことありうるんですか？

たしかに，「物体の運動の速さは光の速度をこえることはできない」という，自然界の法則があります。しかし，銀河の遠ざかる速さは，空間の膨張という，ある種の見かけ上の速さなので，たとえ光速をこえたとしても，この自然界の法則に反しているわけではないのです。

なるほど。それで，観測できる範囲の外にほかの超巨大楕円銀河が出ていってしまって，観測できなくなるというわけですか。

そうです。
もしそのような宇宙に，私たちのような知的生命体がいたとしても，おそらくその知的生命体は，「宇宙が膨張している」ということは発見できないかもしれませんね。

なぜですか？

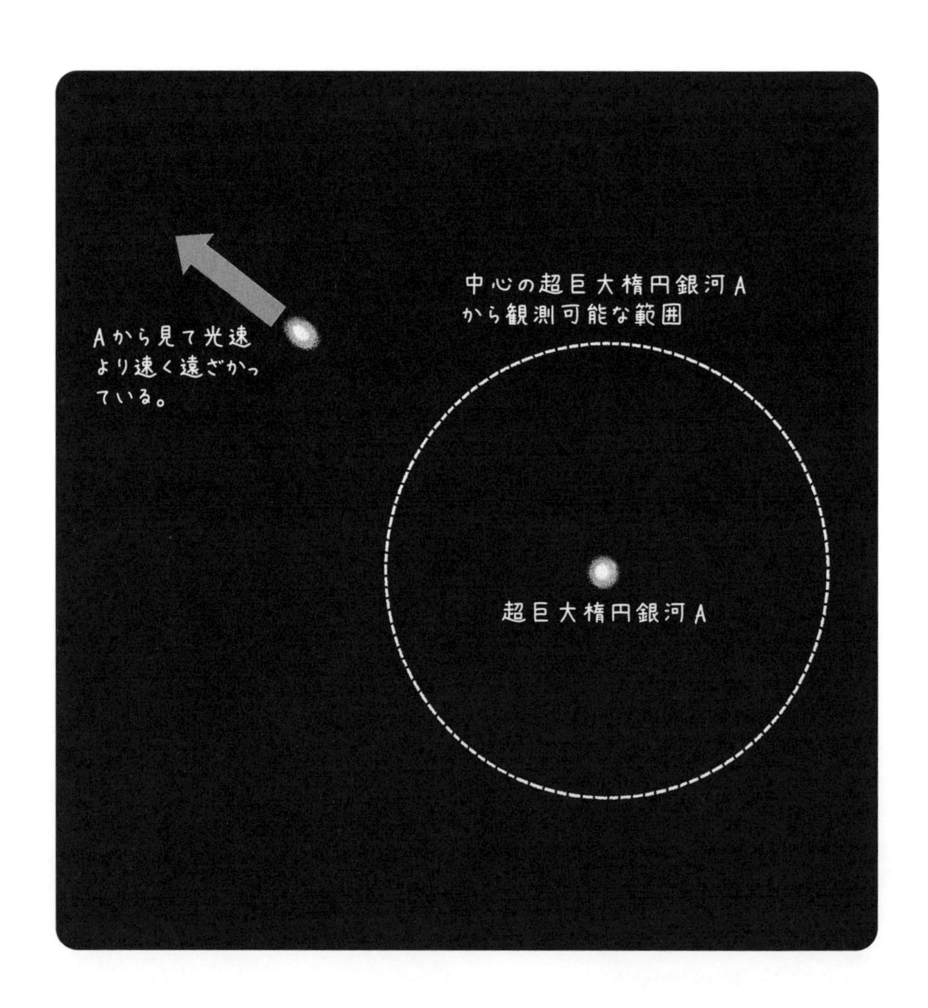

私たち人類は，遠方の銀河が遠ざかっているという観測事実から，宇宙が膨張していることに気づきました。しかし，孤立した超巨大楕円銀河からは，となりの銀河すら観測できませんから，宇宙膨張に気づくのは非常にむずかしいと考えられます。

気づかないうちにどんどんはなれてるなんて，ますますさびしいですね……。

恒星の材料が宇宙からなくなっていく

超巨大楕円銀河が孤立化するだけではなく，気の遠くなるような年月の果てに，それらを輝かせている恒星たちもまた，徐々にその輝きを失っていきます。

悲しい……。
燃えつきてしまうわけですか。

そうです。
太陽の終わりのところでも少し触れましたが，恒星の死について，もう少しくわしく見ていきましょう。
まず恒星の死には，大きく分けて**惑星状星雲**を形成するタイプと，**超新星爆発**をおこすタイプがあります。

惑星状星雲って，虹色に輝く，美しいものでしたよね。

その通りです。
「惑星状星雲を形成するタイプ」は，恒星が膨張と収縮をくりかえしたすえに白色矮星となり，惑星状星雲を形成し，燃えつきて残骸となるものです。
一方「超新星爆発」は，太陽の質量の8倍以上の重い星が，その生涯の最期におこす大爆発のことです。

げげげっ！

ポイント！

恒星の終焉は大きく分けて二通り。

惑星状星雲……膨張と収縮をくりかえし，やがて紫外線を放出して惑星状星雲を形成して終わる。

超新星爆発……太陽の質量の8倍以上の重い星が，最期に大爆発をおこして終わる。

超新星爆発の明るさは，たった一つの恒星の爆発であるにもかかわらず，銀河自体の明るさに匹敵するほどのものになります。
大爆発によって，その恒星をかたちづくっていたさまざまな元素が宇宙空間にばらまかれ，中心に残る天体に照らされたり，宇宙空間に散らばるガスやちりと衝突することによって明るく輝くのです。

強烈ですね……。

いずれにせよ，どちらの場合でも，恒星をかたちづくっていたガスのほとんどは，宇宙空間に放出されます。
そしてそのガスは，新たに誕生する，次の世代の恒星の材料になります。
つまり，星は**世代交代**をくりかえしていくことになるわけです。

ということは，死にゆく恒星が放出するガスが，新たな恒星を生みだす材料になるわけですか。

その通りです。実は太陽も，宇宙誕生から何世代かを経たあとの恒星だと考えられているのですよ。

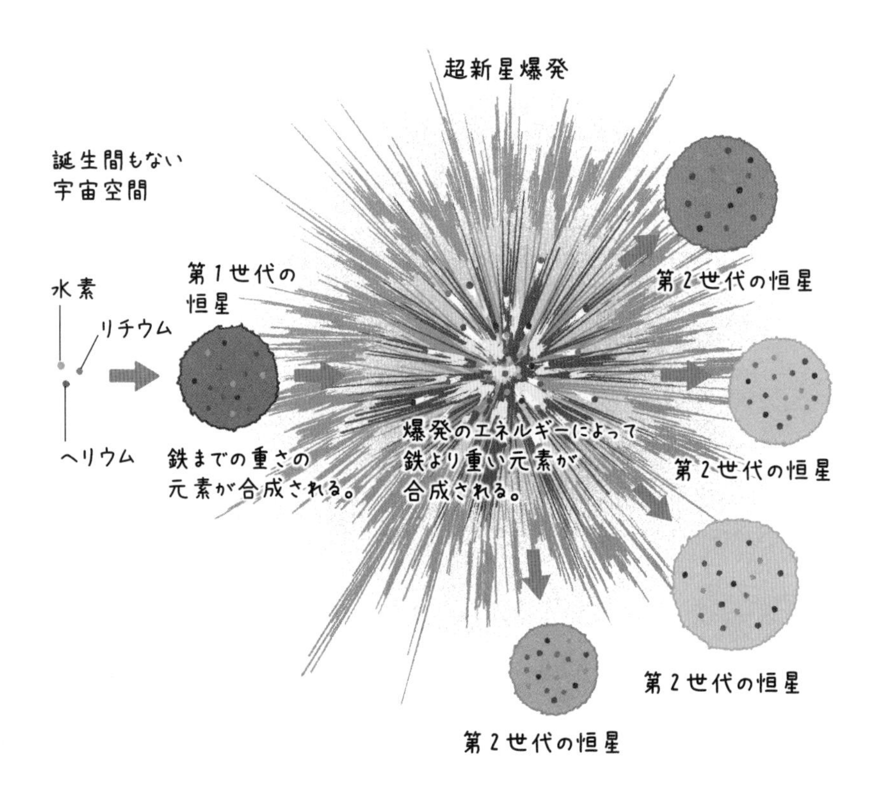

そうだったんですね。
じゃあ，星が消滅してしまったとしても，また新しい星の材料となるなら，恒星はなくならないのでは？

残念ながら，このような恒星の世代交代は永遠には続きません。というのは，“恒星の燃料”がしだいに宇宙からつきていくからです。

恒星の燃料？

はい。そもそも恒星の輝きの源は，中心部でおきている**核融合反応**です。恒星の主な燃料は**水素**などの軽い元素（原子番号の小さな元素）で，その原子核がぶつかり合って融合することで，より重い元素（原子番号の大きな元素）の原子核がつくられます。このときに大きなエネルギーが生じるのです（104ページ）。

重い元素がたくさんつくられていくわけですね。

そうですね。
誕生直後の宇宙に存在する元素は，ほとんどが水素でした。水素の原子核は，最も単純な構造で，最も軽い原子核です。
しかしその後，恒星の中の核融合反応など※によって，**酸素**や**炭素**，**鉄**といった，より重い元素がつくられていきました。
こういったことがくりかえされると，恒星の燃料となる軽い元素はしだいに少なくなっていき，新たな恒星は生まれにくくなっていきます。こうして銀河は，少しずつ輝きを弱めていくことになるのです。

なるほど。燃料を使いきってしまうわけですね。

※：重い恒星が生涯の最期におこす超新星爆発の際や，「中性子星」という高密度な天体どうしが衝突・合体する際などにも，はげしい核反応がおき，元素の合成がおきます。

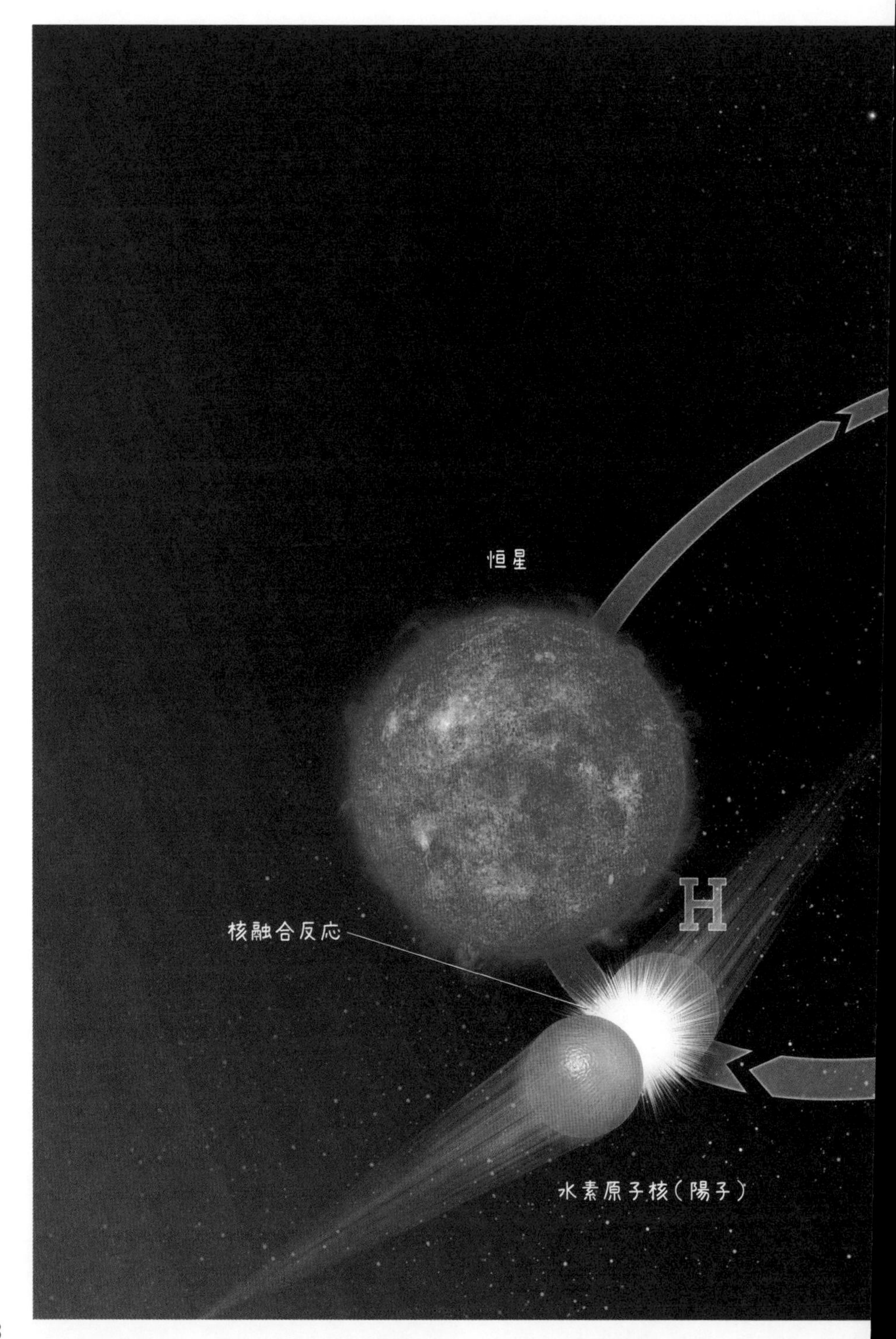
恒星
H
核融合反応
水素原子核(陽子)

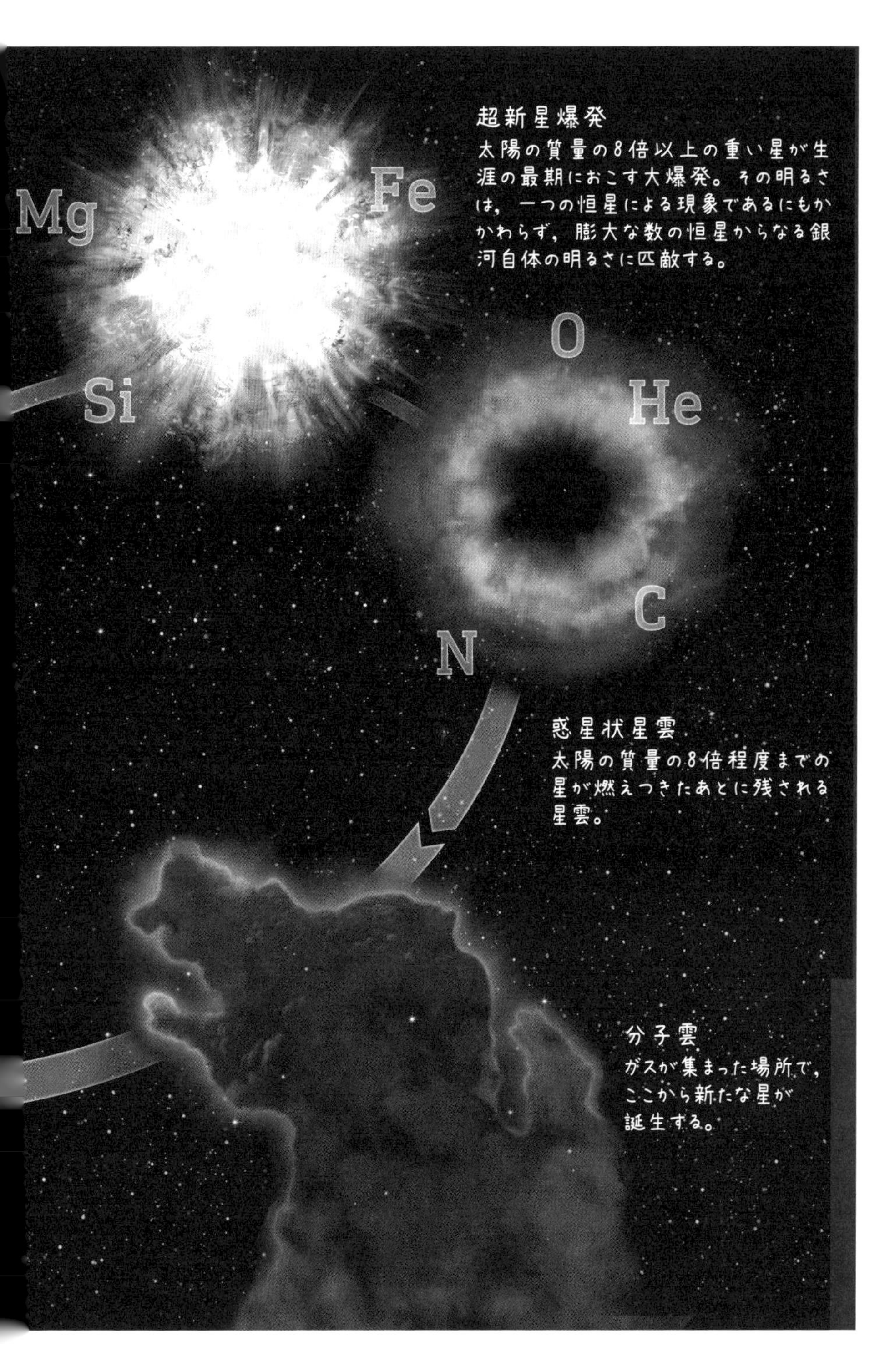
超新星爆発
太陽の質量の8倍以上の重い星が生涯の最期におこす大爆発。その明るさは，一つの恒星による現象であるにもかかわらず，膨大な数の恒星からなる銀河自体の明るさに匹敵する。
Mg
Fe
Si
O
He
C
N
惑星状星雲
太陽の質量の8倍程度までの星が燃えつきたあとに残される星雲。
分子雲
ガスが集まった場所で，ここから新たな星が誕生する。

10兆年後，すべての星が燃えつきて，宇宙は輝きを失う

すべての星がなくなるのは，いつごろなんですか？

およそ10兆年後のことだと考えられています。

じゅっちょうねん！
サラッとおっしゃいますけど，途方もない年月ですよね。もう，どうなっていることやら想像もできません。

フフフ，壮大でしょう。
恒星は重い，つまり「質量が大きい」ものほど，"燃焼効率"が高いため，寿命が短くなります。
太陽の寿命はおよそ100億年と考えられていますが，太陽の質量の10倍もある重い恒星は，太陽よりも圧倒的に明るく輝き，わずか3000万年程度で燃えつきて，死をむかえます。

わずか3000万年ですか。たしかに100億年とくらべれば短いですが……。つまり軽い星ほど寿命が長く，重い星ほど短い，ということですか。

そうです。
太陽の質量の8～50％程度の軽い恒星は，赤くて暗いので**赤色矮星**とよばれています。
この赤色矮星が宇宙で最も長寿命の恒星で，最長で10兆年程度にも達すると考えられています。

ああ，10兆年は，この赤色矮星の**寿命**ということなんですね。

そうです。
宇宙が誕生して138億年ということを考えれば，赤色矮星の寿命がいかに途方もない年月であるかがわかるでしょう。**星の燃料となる軽い元素がつきてしまい，恒星が生まれなくなると，銀河は赤色矮星ばかりになり，これら長寿の赤色矮星が銀河の輝きの大部分をになうようになります。**

赤色矮星って，赤っぽくて暗い星なんでしょう？
銀河は暗くなってしまいますね。

その通りです。
そして，途方もない長寿とはいえ，赤色矮星にもやがて終わりは訪れます。**10兆年以後，赤色矮星すら燃えつきてしまうと，銀河，そして宇宙は，ほとんど輝きを失ってしまうと考えられます。**

ついに真っ暗になってしまうのですね。

はい。ちなみに，太陽の8％未満の軽い星は**褐色矮星**とよばれます。褐色矮星はそもそも中心部で核融合反応を持続的におこすことができないので，恒星にはなれません。生まれてしばらくは光を出していますが，しだいに冷えて暗くなっていきます。

さびしいですね……。

暗くなる

輝く星が赤色矮星ばかりになった
超巨大楕円銀河

暗くなる

暗くなった
超巨大楕円銀河

赤色矮星すら燃えつき，ほぼ
真っ暗になった超巨大楕円銀河

ときおり，輝きを放つブラックホール

赤色矮星もいなくなってしまったあと，銀河にはもう何も残っていないのですか？

この段階で銀河に残っている天体は，大小さまざまな**ブラックホール**，重い恒星のなれの果てである**中性子星**，軽い恒星のなれの果てである**白色矮星**が冷えて暗くなった天体（黒色矮星とよばれることもあります），そして褐色矮星や，普通の惑星，衛星，小惑星などです。

中性子星とは何です？

中性子星とは，太陽の質量の8～20倍程度の恒星が超新星爆発をおこしたあと，元の恒星の中心部が重力によって収縮し，超高密度な天体となったものです。

中性子って，たしか原子をつくっているものの一つですよね。

そうです。
中性子星は，大部分が原子核の構成要素の一つである「中性子」からできており，密度は1立方センチメートルあたり**約10億トン**にも達します。

じゅうおくとん!?
もはやたとえが浮かびませんね。

すごい密度ですよね。一方，ブラックホールは，中性子星が形成される場合よりももっと重い恒星が超新星爆発をおこしたあとに，元の恒星の中心部が収縮してできる天体です。**あまりに強い重力のため，中心部は際限なく収縮していき，最終的には1点につぶれてしまうと考えられています。この点を特異点といいます。**

そういえば，宇宙の歴史をさかのぼったときにたどりつく点も特異点というのでしたよね。

その通り。**ブラックホールの特異点の周囲には，強烈な重力によって光さえも脱出不可能な領域ができます。この領域がブラックホールの正体です。**つまりブラックホールとは，物体ではなく空間の領域を指す言葉なのです。

光すら脱出できないなんて，おそろしい存在ですね。

ええ，光さえも強烈な重力で飲み込むため，ブラックホール自体はその名の通り，黒い穴のように見えます。

暗い銀河にブラックホールですか……。

とはいえ，銀河は完全な暗闇になっているわけではありません。ブラックホールが天体などを飲み込む際には，周囲が明るく輝きます。飲み込まれる天体が引き裂かれ，高温のガスとなって光を発するからです。
また，残ったそのほかの天体どうしが衝突したりする際に，輝きを放つこともあります。暗い銀河にときおり，短い輝きがキラリと閃くのが見られるでしょう。

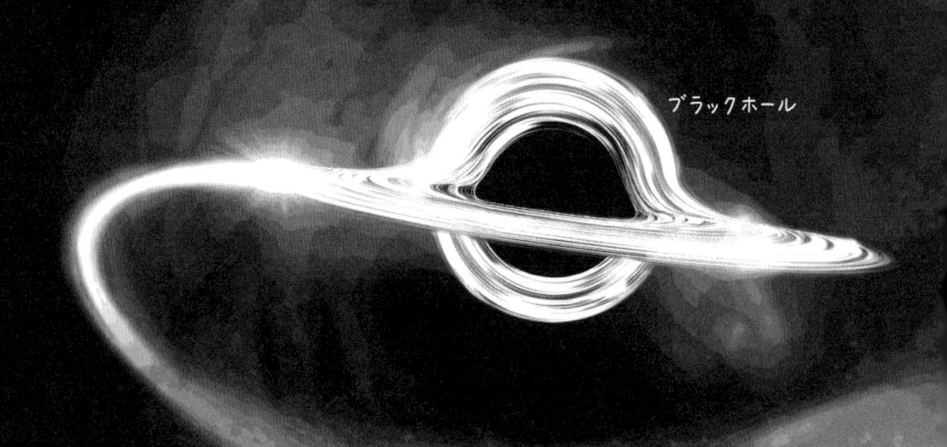

注：ブラックホールのイラストは，NASA（アメリカ航空宇宙局）の2019年9月26日発表のニュースリリース「NASA Visualization Shows a Black Hole's Warped World」の動画を参考にえがきました。

天体を飲み込むブラックホール

ブラックホール（イラストの左上）の強烈な重力（潮汐力）によって，天体は引き裂かれます。天体の残骸はブラックホールの周囲をまわるなどしている間に摩擦によって加熱され，高温のガスとなって輝きます。

破壊され，飲み込まれる星

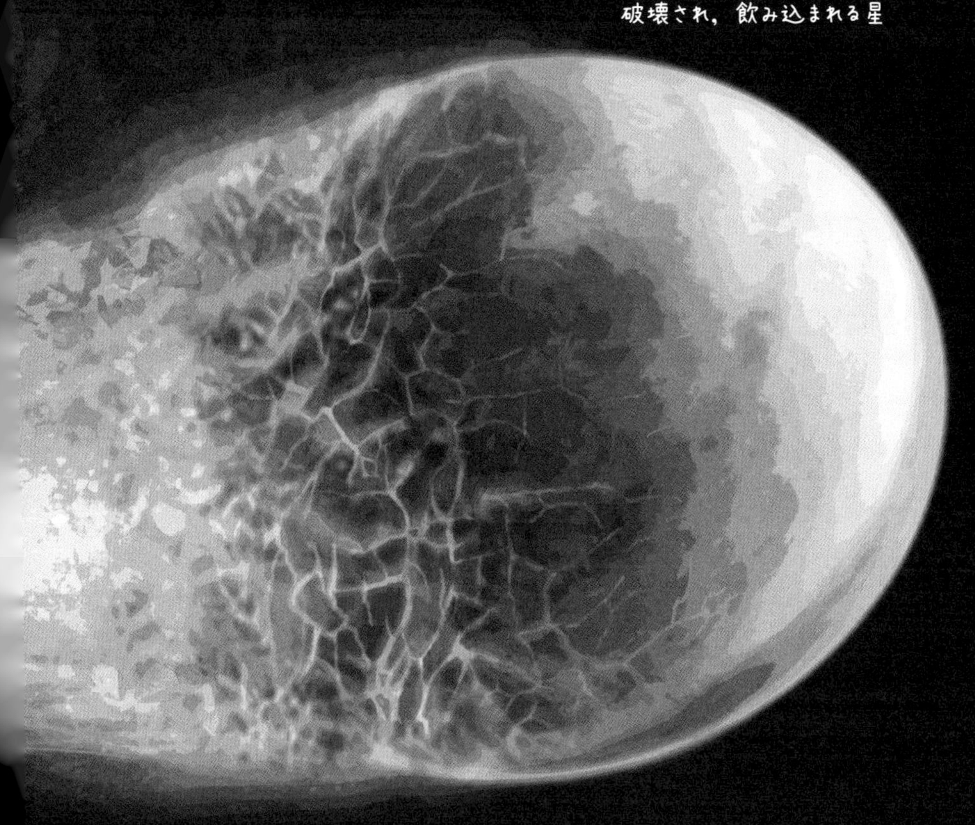

10^{20}年後，銀河中心のブラックホールが巨大化

銀河もまた，永遠の存在ではありません。
銀河はやがて“蒸発”していきます。

蒸発？　水が蒸発するみたいに，ジュワッと蒸気になって消えるんですか？

水じゃないので，そういう感じではないですよ。
銀河を構成している天体たちが，長い年月の間に，広大な宇宙空間へと飛びだしていくのです。

銀河って星が重力で集まっているんですよね。
どういうしくみで飛びだしていってしまうのですか？

天体は銀河の中でじっとしているわけではなく，つねに動いています。たとえば，私たちの太陽系も天の川銀河の中を2億数千万年の周期で公転しています。こうした天体どうしは，まれに接近遭遇することがあるんです。
すると，おたがいの重力の影響によってその軌道が変わり，接近遭遇した天体の一方が銀河の中心に向かって“落下”していき，他方の天体が逆にいきおいを得て，銀河からはなれていく，といったことがおきます。

はじき飛ばされるわけですか！

ええ。**こうしたことがくりかえされて，10^{20}年後ごろには，銀河から天体が消え去ってしまうのです。**

ちょ，ちょっと待ってください！
10^{20}年後!?

1垓年後です。
「……万, 億, 兆，京，垓……」だから，京の次の位ですね。
1垓は1兆の1億倍になります。

ハハ……。何だか，感覚が麻痺してきますよ。
ともかく，「超絶未来」ってことだけはわかりました。
でも，銀河の外だけじゃなくて，中心に向かってもはじき飛ばされるわけですよね。だとしたら, 銀河は“蒸発“してなくなることはないような気もしますが。

ところがどっこい，**銀河の中心には，太陽の質量の100万倍から数百億倍にも達する巨大なブラックホール（大質量ブラックホール）が存在しています。**
したがって，現在の銀河団などからできる，未来の超巨大楕円銀河の中心にも，巨大なブラックホールが鎮座しているはずです。
太陽の1億倍の質量のブラックホールの半径は，約3億キロメートルで，これは太陽・地球間の距離（1天文単位）の約2倍にあたります※**。**

ひいぃ！　ということは，内側に落ちてしまったらそのブラックホールに……。

ご想像の通りです。天体どうしの接近遭遇などで銀河の中心に落ちていった天体の多くは，最終的に銀河中心にあるブラックホールに飲み込まれることになります。

※：ブラックホールは普通の物質とはことなり，質量に比例して半径（地平線の広がり）が大きくなっていきます。つまり質量が2倍になれば, 半径も2倍になります。一方, 普通の物質でできた密度一定の球体の場合，質量が8倍になってようやく半径が2倍になります（質量は半径の3乗に比例）。

残っていた白色矮星や惑星，衛星なんかもですか。

ええ。それだけではありません。恒星が超新星爆発をおこしたあとに残される，太陽の質量の10数倍程度以下の小さなブラックホール（恒星質量ブラックホール）すらも，飲み込まれます。

と，共食いじゃないですか！

そうですね。太陽の10倍の質量の小さなブラックホールの大きさは半径30キロメートルほどですが，それすら大質量ブラックホールは飲み込みます。
こうして銀河中心の巨大ブラックホールは，飲み込んだ天体の質量の分だけ，その大きさを増していくのです。

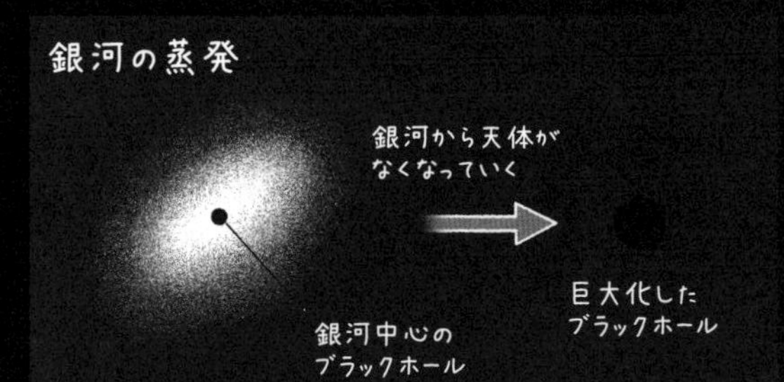

飲み込まれていく
小さなブラックホール

ブラックホールが
大きくなっていく

銀河中心の巨大な
ブラックホール

陽子が崩壊して，原子は消滅

銀河の“蒸発”の過程で，銀河から外側へはじきだされた天体は，ブラックホールに落ちずにすんで，ラッキーだったってことですね！

ところが　それらの天体も，遠い将来には，消滅してしまうと考えられています。
なぜなら，**ブラックホール以外の天体は，原子からできています（中性子星は除く）。その原子が，いずれ死をむかえると考えられているからです。**

原子が死ぬ？

はい。原子は何からできているかというと，原子核とその周囲に分布する電子からできています。
原子核はプラスの電気をおびた「陽子」と，電気をおびていない「中性子」がいくつか集まってできています。

原子

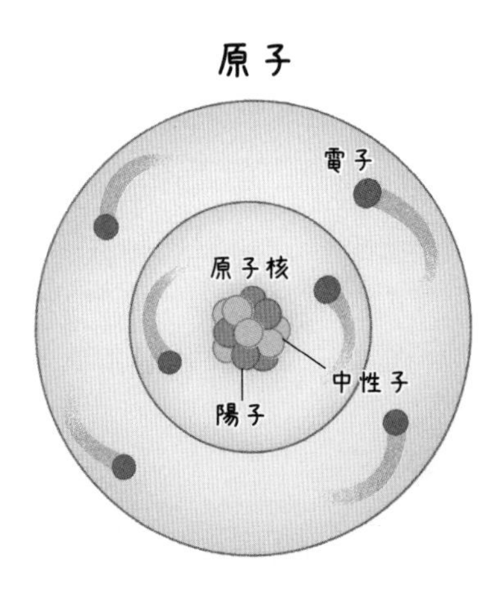

そして原子核の中では，中性子は通常，安定して存在することができますが※1，単独の中性子は不安定で，15分程度で複数の粒子にこわれてしまいます（崩壊）。

は，はい。

一方，陽子は非常に安定した粒子で，通常は中性子のようにこわれることはありません。しかし素粒子物理学の新しい理論によると，陽子も非常に長い年月がたつと，崩壊をおこすと予想されています※2。

陽子が自然にこわれていくなんて……。
そうなると，どうなっちゃうんですか。

陽子崩壊がおきると，原子核の中の中性子や，中性子星をかたちづくっている中性子も永久に安定ではいられず，いずれ崩壊してしまうことになります。

陽子崩壊

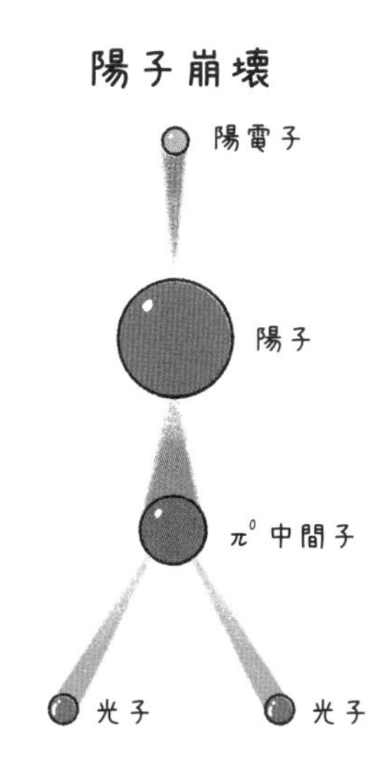

※1：ただし中性子が過剰な原子核などでは，崩壊をおこします。
※2：陽子の寿命とは，陽子の数が元の約2.7分の1に減るまでにかかる時間です。陽子は寿命が来た瞬間に崩壊するわけではなく，寿命より早く崩壊するものもありますし，寿命より遅く崩壊するものもあります。

それが“原子の死”ということなんですね。

そうです。原子核の中の陽子や中性子が崩壊していけば，いずれ原子は消滅してしまいます。すると，原子からできている天体などのあらゆる物体も消滅していくことになるわけです。

そうなるまでには，どれぐらいかかるんですか？

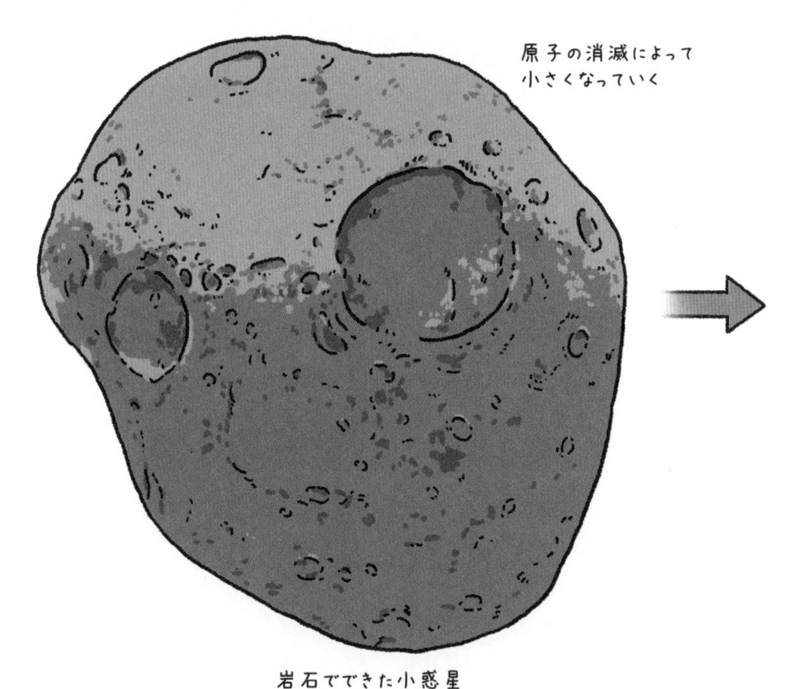

岩石でできた小惑星

実は陽子の崩壊は，まだ実験的に観測されておらず，陽子の寿命はよくわかっていません。ただ，10^{34}年（1兆年の1兆倍の100億倍）程度か，それ以上ではないかと考えられています。
こうして10^{34}年後以降，宇宙からは陽子や中性子が消えていき，その結果，ブラックホール以外のあらゆる天体・物体が消滅していくことになるのです。

宇宙は**ブラックホールだらけ**になるんですね！

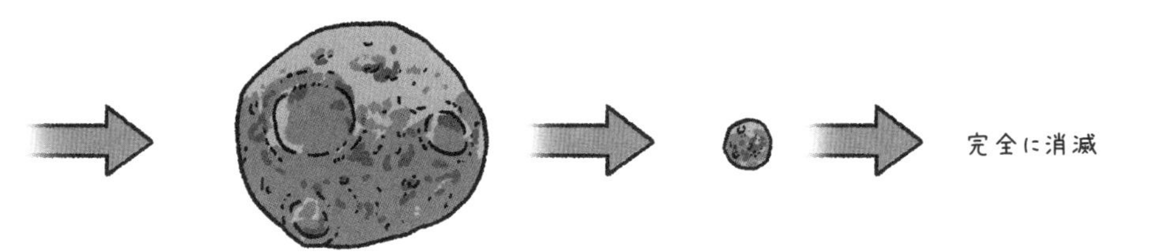

10^{34} 年後以降，宇宙からはあらゆる天体・物体が消滅し，ブラックホールが残る。

恒星質量ブラックホール
太陽の約20倍以上の質量の恒星が超新星爆発をおこしたあとにできる。

赤色巨星
（死期が近い恒星）

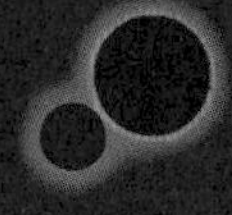

衝突・合体するブラックホール

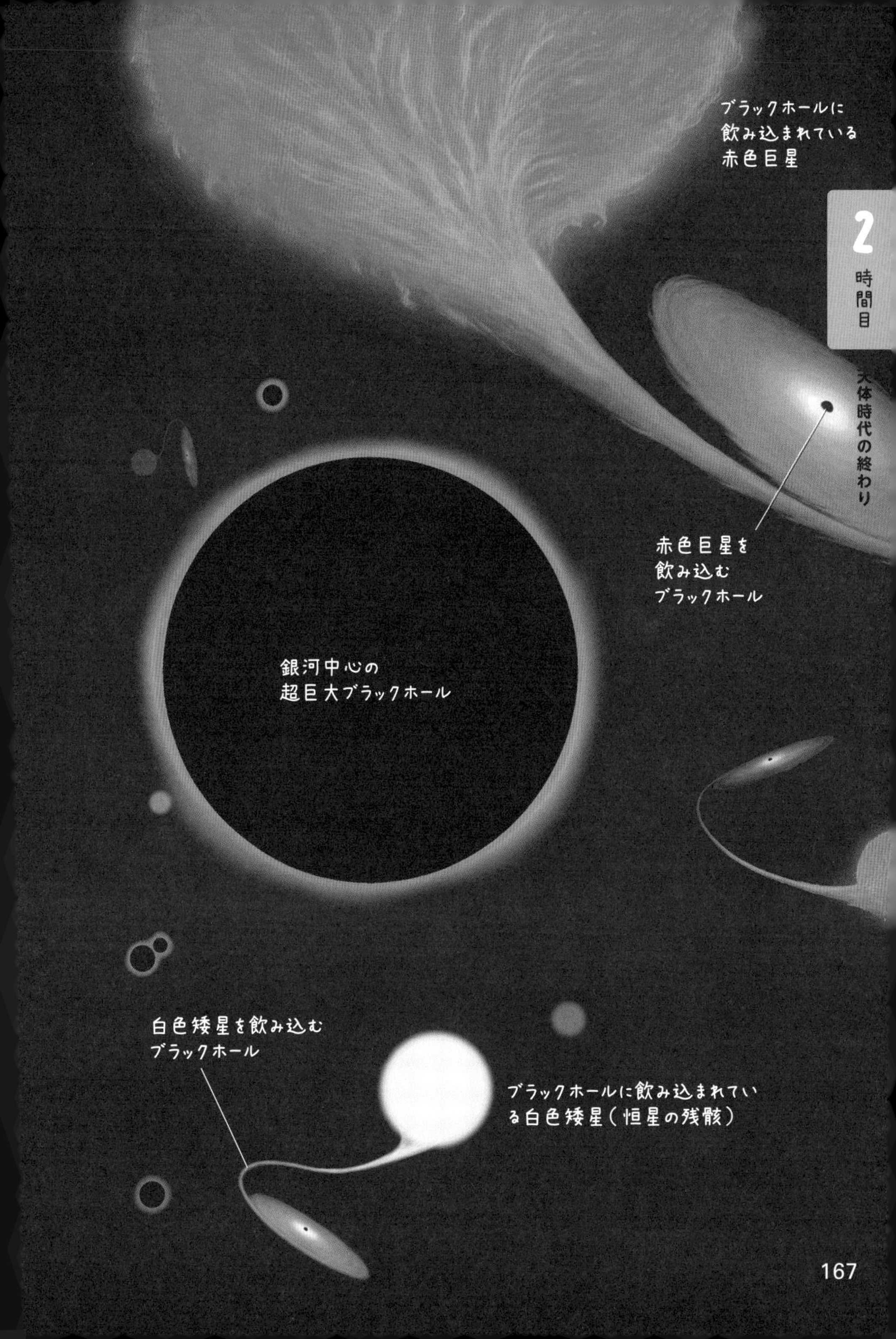

ブラックホールに
飲み込まれている
赤色巨星

赤色巨星を
飲み込む
ブラックホール

銀河中心の
超巨大ブラックホール

白色矮星を飲み込む
ブラックホール

ブラックホールに飲み込まれてい
る白色矮星（恒星の残骸）

ブラックホールはどんどん蒸発していく

結局，最後に残るのはブラックホールというわけですか。真っ黒い穴のような天体だけが存在しているだけの宇宙空間なんて，さびしすぎますね。

そうですね。しかし，ブラックホールもまた，未来永劫その姿を保っていられるわけではありません。
ブラックホールの周囲に飲み込む物がなくなると，ブラックホールはそれ以上大きくなることができません。そして，ゆっくりと“蒸発”して，小さくなっていくと考えられているのです。

ブラックホールが，蒸発する!?

ええ。**ブラックホールの蒸発とは，銀河とはちがって，ブラックホール自身が光や電子などを放出して，少しずつ軽く，小さくなっていくことを意味します。**
これは量子論にもとづいた現象で，スティーブン・ホーキング博士（1942～2018）によって理論的に予言されました。

へええ……。
でも何でもかんでも，光すらも飲み込んでいたブラックホールが光を放出するなんて，不思議ですね。

たしかに，光や物質を飲み込むブラックホールが光などを放出するというのは不思議に思えるかもしれません。

でも，たとえば，炭などの物体は，熱すると赤くなって光を発します。これは**熱放射**とよばれる現象です。ブラックホールの蒸発も一種の熱放射とみなせるのです。

意外です！　ブラックホールにも温度があるんですか。

ええ，ブラックホールもある種の温度をもっているのです。でも残念ながら，通常のブラックホールの温度はきわめて低く，熱放射の検出はできません。宇宙には**宇宙背景放射**とよばれる微弱な光（マイクロ波）が飛びかっています。これは誕生直後の宇宙を満たしていた高温のガスが光り輝いていたことの名残です。

宇宙背景放射……。この，波長の長い光を発見したことで，昔の宇宙が高温・高密度のビッグバンの状態だったことが明らかになったんですよね？

ええ，その通りです。
おさらいになりますが，この“**ビッグバンの残光**”は，宇宙膨張によって，波長が引き伸ばされ，マイクロ波（電波の一種）となって現在も宇宙を飛びかっています。

61ページでお話がありましたね。

そうですね。
現在の宇宙背景放射は，温度にして**約マイナス270度**（絶対温度※で約3K）に相当しています。
それに対して，ブラックホールの温度は，現在の宇宙背景放射の温度よりも低いので，ブラックホールから出ていく熱放射よりも，ブラックホールに入っていく宇宙背景放射のエネルギーの方が大きくなっています。

なんかブラックホールは蒸発しそうにない気がするんですけど。

ええ。ところが宇宙の膨張が進むと，宇宙背景放射はどんどん波長が長くなり，それにともなって温度が低くなっていきます。
したがって，**今から数千億年もたつと，太陽ぐらいの質量の小さなブラックホールの温度（1億分の6K程度）よりも宇宙背景放射の方が温度が低くなり，ブラックホールから出ていく熱放射のエネルギーの方が大きくなるわけです。**

それが，ブラックホールの蒸発ということなんですね。

※絶対温度：絶対零度（マイナス273.15度。原始や分子の運動が完全に止まる，温度の下限）を0として，摂氏と同じ刻みで数えた温度。単位はK（ケルビン）。

ブラックホールの
熱放射による光

ブラックホール

ブラックホールの温度は，ブラックホールが軽いほど高くなります。そのため，蒸発の速度は，はじめはとてもゆっくりですが，蒸発が進んで質量が小さくなるにつれ徐々に温度が上がっていきます。

蒸発するにつれて，どんどん軽くなっていくんですよね。だとしたら，蒸発の速度もそれにつれて加速していくんじゃないですか？

その通りです。

ブラックホールはゆっくりと蒸発を開始し，質量を減らしていくにつれて徐々に温度が上がっていき，蒸発のスピードを増していくことになります。

そして最終的には，爆発的ないきおいで光やさまざまな素粒子（それ以上，分割できない粒子）を放出し，消滅してしまうと考えられています。

10^{100}年後，ブラックホールも消滅

ブラックホールの最期って，ドラマチックですね……。ちなみに，消滅するまでに，どれぐらいの時間がかかるんですか？

ブラックホールが消滅してしまうまでには，途方もない年月がかかります。
太陽の質量ぐらいしかない軽いブラックホールの場合でも，**約10^{67}年**かかります。

ひえ〜！

銀河の中心にある巨大なブラックホールが蒸発しつくすまでには，さらに膨大な年月がかかり※，その場合，ざっと**10^{100}年**もかかると予想されています。

もはや想像も追いつかない年月ですが，ついにブラックホールすら，なくなっちゃうんですね。

はい。でもブラックホールの最期については，私たちの研究室の大学院生だった大下翔誉君と興味深い研究結果を得ています。
ブラックホールが蒸発する際に，そこから“新たな宇宙”が生まれる可能性があるんです。

新たな宇宙!?

※：ブラックホールが消滅するまでにかかる時間は，質量の３乗に比例します。

ブラックホールが蒸発する直前には，ブラックホールのごく近くの領域が，ビッグバンのころのように超高温になります。すると，それをきっかけにして，その領域の空間がブラックホールの内側に向けて膨張していき，新たな宇宙をつくりだす可能性があるのです。

そうなんですか！

はい。しかも不思議なことに，ブラックホールの蒸発を外から見ている観測者からは，何も残らないように見えると考えられています。
つまり，**私たちの宇宙とはつながりが切れた，新たな宇宙が生まれることになるのです。**

膨大な年月をかけて蒸発を続け，小さくなったブラックホール（イラストの黒い穴）が，最後に爆発的な蒸発をおこし，消滅する寸前のイメージ。

原子でできた天体が，鉄の星になる可能性も

ここで，天体の終わりについて，別の可能性を考えてみましょう。もし，陽子の崩壊がおこらず，原子が死ななかった場合です。
先ほども少しお話ししましたが，陽子の崩壊はあくまで理論上の予測なんです。
陽子崩壊は，日本のカミオカンデや，スーパーカミオカンデなどの実験装置で数十年にわたって探索が続けられていますが，いまだその証拠は得られていません。
もしかしたら理論予測に反して，陽子は永遠に崩壊しない，安定な粒子なのかもしれないのです。

なるほど！　じゃあ，その場合の宇宙の未来は，またちがったものになりますね。

ええ。**もし陽子崩壊がおきなかった場合，あらゆる原子は，鉄に変化していくでしょう。**

鉄，ですか……？

はい。恒星の中心部では，原子核どうしが融合して，より重い原子核をつくる核融合反応がおきています。
しかし，核融合で際限なく重い元素をつくることはできません。

いろいろな元素が，次から次へとつくられ続けるのかと思っていましたが，そうじゃないのですね。

そうなんです。
重い恒星の中で核融合が進み，鉄（原子番号26）がつくられると，それ以上は核融合はおきなくなります。
鉄が最も安定した原子核であり，それ以上，核融合をおこすことはエネルギー的に“損”だからです。

恒星の内部では，核融合によって原子がすべて鉄になるのはわかりました。でも，もっと普通の物質はどうなんでしょうか？　たとえば，岩石のような天体はそのままなんですか？

いいところに気づきましたね。普通の物質，たとえば私たちの体の中では，核融合反応はおきていませんよね。
普通の物質の原子は，中心に原子核があり，その周囲に電子が分布しています。
原子核は電子の“殻”におおわれているため，隣り合う原子の原子核どうしが接近して融合することは普通はありません。
それに，原子核はプラスの電気をおびているため，原子核どうしは電気的な力で反発し合っています。

ですよね。私たちの体の中や，その辺の岩石の中で核融合反応がおきているはずないですもんね。

ところが，ミクロな世界の物理学である量子論によると，本来はこうして反発し合っている原子核どうしが，ごくまれに融合してしまうことがあるのです。

一体，どうして!?

83〜85ページでご紹介した，**トンネル効果**です！エネルギーなどの“障壁”を，まるでトンネルを抜けるようにこえていく，というものです。

ああ，あれですか！

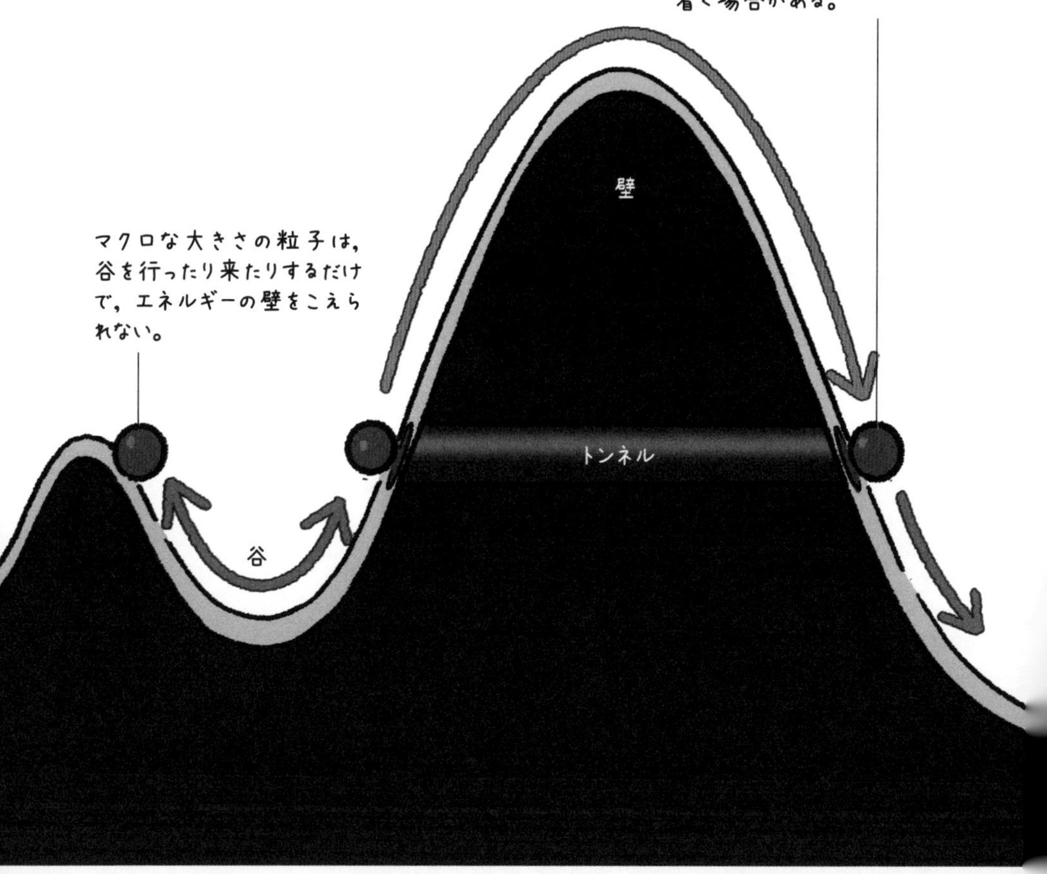

はい。**つまり，トンネル効果によって，原子核どうしの反発力による“障壁”をすり抜けて（トンネルを抜けるようにして），原子核どうしが接近し，融合してしまうことが，ごくまれにおきうるのです。**

えー，そんなこと本当におきるんですか？　私の体の中で核融合反応がおきているなんて，ちょっと信じられないんですけど。

たしかに，このような現象はきわめてまれにしかおきないので，通常は無視できます。
しかし，理論物理学者**フリーマン・ダイソン博士**（1923〜2020）の計算によると，**10^{1500}年後**という途方もない未来には，あらゆる原子がこのようなトンネル効果などによって，鉄の原子になってしまうといいます※。

全部，鉄！

ですから，そのころに宇宙に残っている原子からできた天体は，すべて**“鉄の星”**になってしまうわけです。
さらにダイソン博士は，$10^{10^{76}}$年後ごろには，鉄の星はさらに安定な中性子星，またはブラックホールに変化すると予想しています。

鉄球が，宇宙空間に浮かんでいるというわけですか。
これはこれで，また不思議な風景ですね。

※：鉄より重い原子核も，このような途方もない年月の果てには，崩壊や核分裂をおこし，鉄の原子核に変化していくといいます。

あらゆる天体が“鉄の星”になった未来
イラストは，岩石できている惑星や衛星などの天体が，遠い将来に“鉄の星”に変化したイメージ。

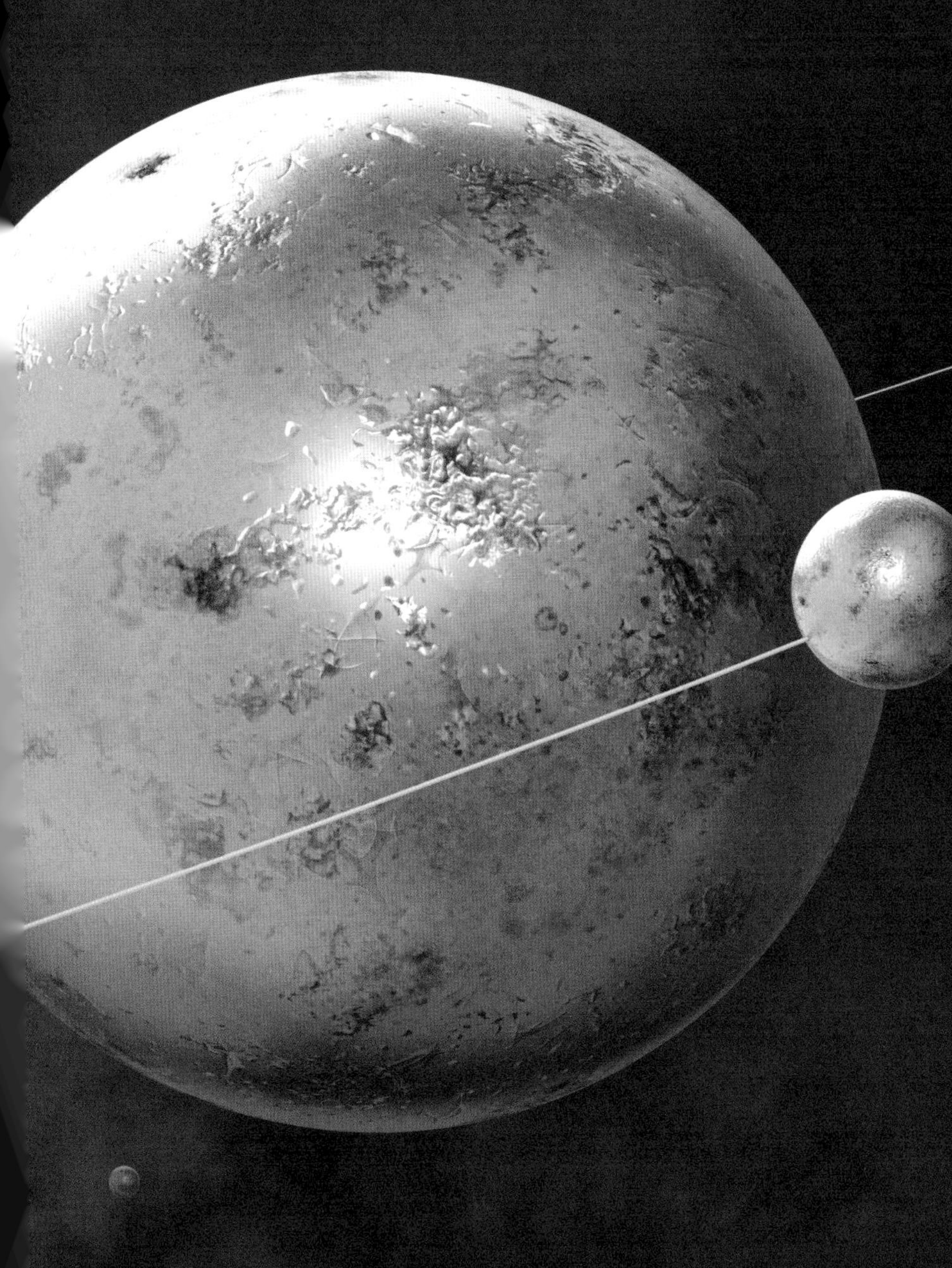

3

時間目

宇宙の終わり

STEP 1

宇宙の最期，三つのシナリオ

すべての天体が終焉をむかえたあと，やがて宇宙そのものにも終わりのときがくるといいます。宇宙の終わりは，どのようなものなのでしょうか？

宇宙の未来を決めるのは，「ダークエネルギー」

広大な宇宙は今後どうなっていくのか!?　その鍵を握っているのが，**ダークエネルギー**（暗黒のエネルギー）です。

最初にお話がありましたよね。「暗黒のエネルギー」だなんて，一体どんなエネルギーなんでしょうか。

ダークエネルギーとは，宇宙空間を満たしていると考えられている**正体不明のエネルギー**です。最初に少し触れましたが，**このダークエネルギーが，宇宙の膨張を加速させているのではないかと考えられているのです。**

謎のエネルギーが，宇宙の膨張を加速させている？
1時間目で，宇宙は不変ではなく膨張している，ということでしたけど……，膨張しているだけではなくて，加速度的に膨張しているんですか!?

そうなんです。宇宙の膨張について，もう少しくわしくお話ししておきましょう。「銀河は距離に比例した速度で遠ざかっている」というハッブル-ルメートルの法則によって，宇宙は膨張していることがわかりました。ただし，この宇宙の膨張速度については，時間と空間と重力の理論である「一般相対性理論」にもとづいて考えると，徐々に遅くなっているはずだと考えられました。
なぜなら，天体などの重力が，空間の膨張を引き戻す作用（引力の作用）をすることがわかっていたからです。

なるほど。

そのため，たしかに遠くのものは近いものよりも速く遠ざかりますが，実際には「宇宙の膨張速度自体は減速していくはず」と考えられるようになったのです。たとえば車は，アクセルを踏まないでいると，地面との摩擦などがブレーキとなって，しだいにスピードが落ちてきますよね。

たしかに。

それと同様に，宇宙にも，宇宙の膨張速度をさまたげる何らかの“ブレーキ役”となるものがあって，それが宇宙の場合，銀河やダークマターによる**重力**だと考えられたのです。

重力は，宇宙膨張を減速させる方向（収縮させる方向）に作用するからです。

なるほど～。
でも実際には減速どころか加速していたと……。

そうなんです。
1998年に，宇宙の遠方の**Ia型超新星**という天体の爆発を観測したことによって，ハッブル-ルメートルの法則や一般相対性理論だけでは説明できない“何かほかの力”によって，宇宙の膨張が加速していることがわかったのです。

一体，どうしてそんなことがわかったんでしょうか。
Ia型超新星って，どんな天体なんですか？

ハッブル-ルメートルの法則を導きだしたのと同じ原理なんですよ。まず，Ia型超新星というのは，連星（共通の重心のまわりを回転する二つの星）の中の白色矮星に多量のガスが降り注いでおこる大爆発です。

白色矮星って，恒星の外側のガス層が放出されて，中心だけが残ったものですよね。太陽の消滅のところでお話がありました。

そうです。
白色矮星の近くにある恒星（伴星）からガスが流れ込むなどして白色矮星が限界の質量に達すると，核爆発がおきて，白色矮星ごと吹き飛ぶんです。

このIa型超新星は，爆発をおこすときの限界の質量が同じなので，**どのIa型超新星も「本当の明るさ」がほぼ一定で，なおかつ最も明るくなった時の明るさが明るいほどその後ゆっくりと暗くなっていくという性質があります。**そのため，「見かけの明るさ（地球から見える明るさ。距離によって変わる）」とその減り具合を観測すれば，「本当の明るさ」を正しく推定できるのです。それと「見かけの明るさ」の比較によって，Ia型超新星が属する銀河までの距離を精密に割りだすことができます。さらに，ドップラー効果によって，Ia型超新星が属する銀河の後退速度もわかり，そこから膨張速度を計算することができます。

すごいですねぇ。

膨張速度を計算するうえでポイントとなるのが，**「遠くの天体ほど過去の姿が見えている」**という点です。Ia型超新星は，さまざまな銀河に存在していて，数十億光年といった遠くでも観測することができます。
遠くの宇宙＝過去の宇宙ですから，遠くのIa型超新星を観測することで，過去の宇宙の膨張速度を調べることができるのです。

じゃあ，たくさんのIa型超新星を観測すれば，それぞれの時代の宇宙の膨張速度を調べることができるというわけですね。

その通りです。この方法で，二つの国際チームがさまざまなIa型超新星を観測して，宇宙の歴史の中で，宇宙の膨張速度がどのように変化してきたのかを検証しました。その結果，宇宙の膨張速度は**加速**していることがわかったのです！

うわぁ〜。
とんでもない検証結果が出たんですね。

すごいでしょう。
宇宙の膨張は減速していくはずなのに，逆に加速しているという発見は，天文学者や物理学者に大きな**衝撃**をあたえました。この事実を，一般相対性理論にもとづいて考えると，**通常の重力とは逆に，空間を押し広げる作用（斥力の作用）をもつ“何か”が，宇宙空間を満たしていると考えざるをえなかったのです。**

こんな不思議な性質をもつものは，今まで見つかったことがありませんでした。そこで，この正体不明の“何か”は，**ダークエネルギー**と名づけられることになったのです。

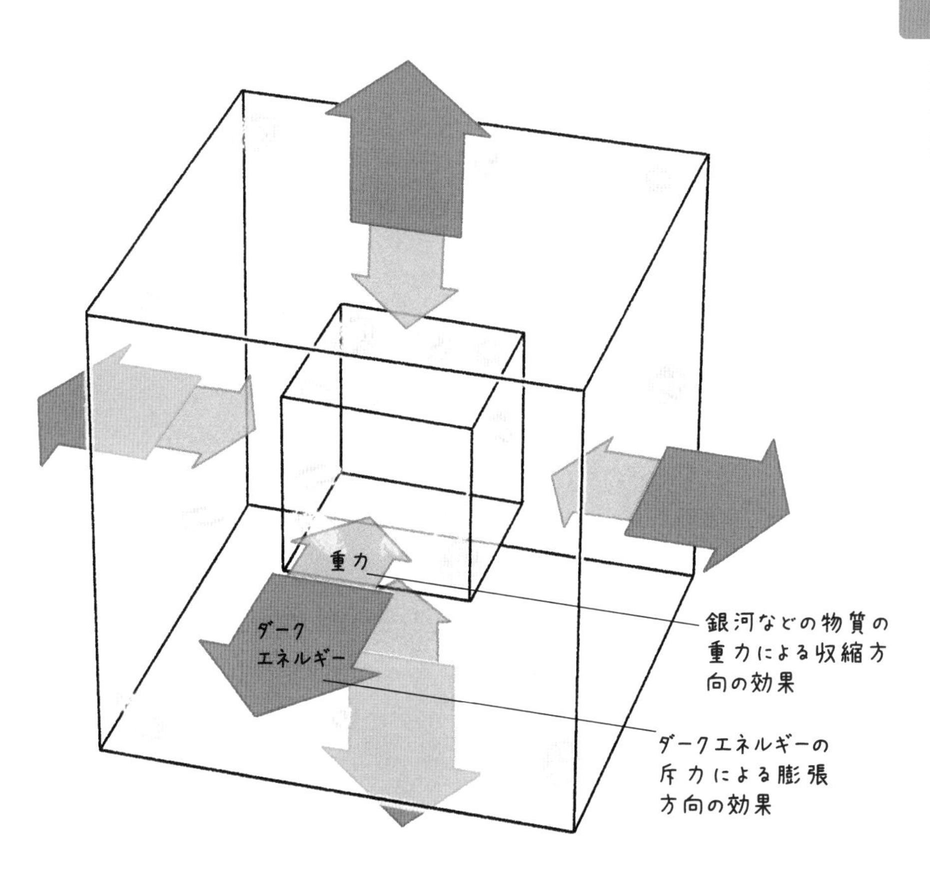

ダークエネルギーは，薄まらない

宇宙の膨張速度をさまたげる“ブレーキ役”じゃなくて，見えない“**アクセル役**”がひそんでいたわけですねぇ。でも先生，宇宙空間が膨張していくとすれば，ダークエネルギーはどんどん薄まっていくんじゃないですか？

おおっと，いいところに気づきましたね！
たしかに，空間が膨張すると，当然ながら，その中の物質は，増えた空間の分だけ薄まります。空間が膨張しても，中の物質の量（質量）は増えませんからね。

ですよね！
となると結局，ダークエネルギーは薄まるから，膨張速度は下がっていくんじゃないですか？

ところが！
ダークエネルギーは普通の物質とはことなり，空間が膨張しても薄まらないんです。つまり，**ダークエネルギーは空間自体が持っているエネルギーなので，宇宙が膨張して空間が広がると，ダークエネルギーを持った空間そのものが増えるので，密度は減らずにトータルでは空間の体積に比例してどんどん増えていくのです。**
ただし，空間が膨張したときに，ダークエネルギーの密度がまったく変わらないのか，わずかに変化するのかは，まだよくわかっていません。

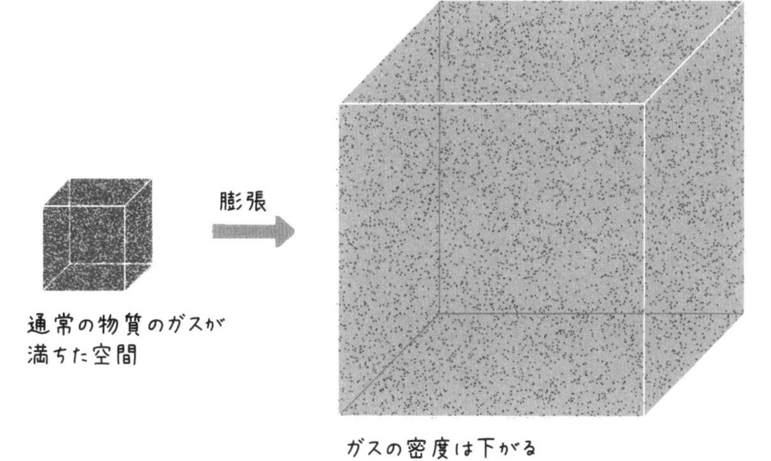
膨張
通常の物質のガスが
満ちた空間
ガスの密度は下がる

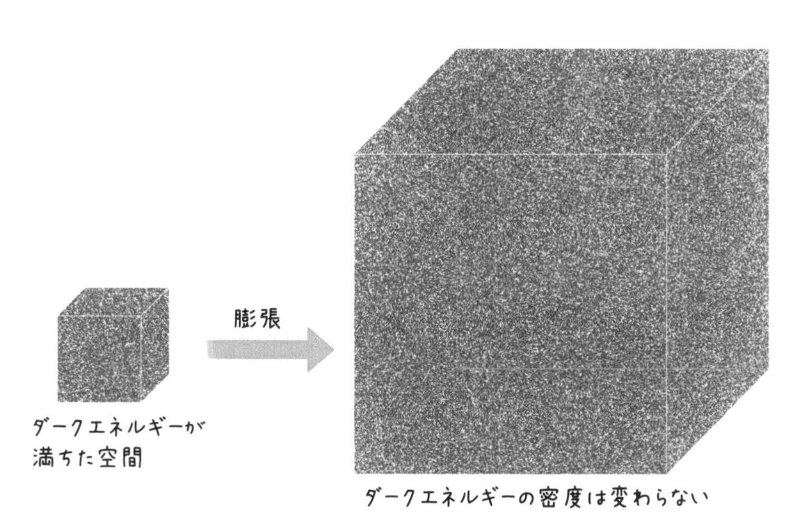
膨張
ダークエネルギーが
満ちた空間
ダークエネルギーの密度は変わらない

これまでの天文観測によれば，ダークエネルギーの密度は誤差の範囲で一定のようです。これが正しければ，宇宙の加速膨張は将来にわたって同じように続くことになります。

そうなると，宇宙はどんどん膨張していくんですね。

ええ。しかし，より精密に測定すれば，ダークエネルギーの密度がわずかに変化しているという結果が出る可能性もあります。
もしダークエネルギーの密度が増えていた場合，宇宙膨張の加速はさらにいきおいを増していきます。逆にダークエネルギーの密度が減っていた場合は，宇宙膨張の加速がいきおいを弱めていくことになります。

ダークエネルギーの密度：一定
→加速膨張が続く

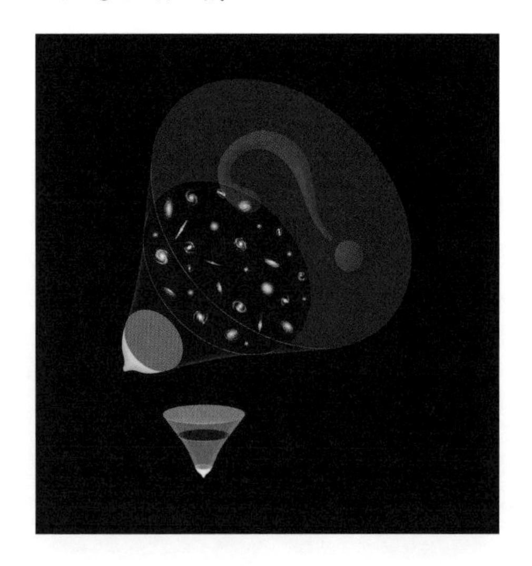

ダークエネルギーの密度：減少
→膨張のいきおいがどんどん弱まる

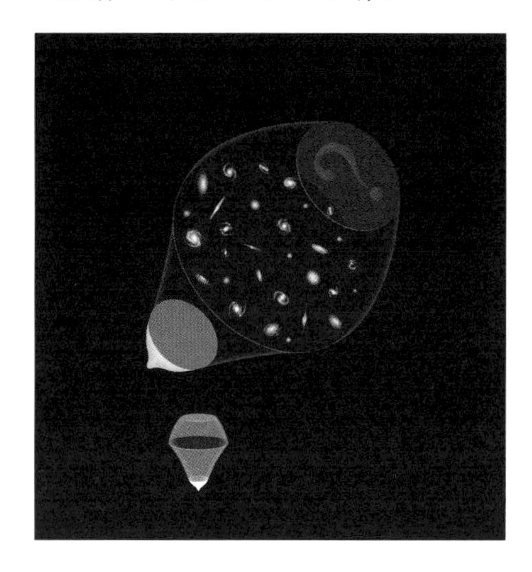

ダークエネルギーの密度：増加
→これまでを上まわる急激な膨張をする

ちなみに，1時間目に，アインシュタインの**宇宙項**（宇宙定数）について紹介しました（43ページ）。
フリードマンが，アインシュタイン方程式にもとづいて宇宙は膨張しているという説を論証したとき，これに反対したアインシュタインが，不変の宇宙を保つために，アインシュタイン方程式に「反発力（斥力）」を意味する定数を入れて書きかえたものです。

そうでしたね。
でも結局，宇宙は膨張していることが実際に観測されて，アインシュタインがまちがいを認めたんですよね。

アインシュタイン方程式

宇宙定数

$$R_{\mu\nu}-\frac{1}{2}g_{\mu\nu}R+\Lambda g_{\mu\nu}=\frac{8\pi G}{c^4}T_{\mu\nu}$$

ところが，アインシュタインが組み込んだこの定数こそが，ダークエネルギーなのではないかと考えられているのです。
現在，「ダークエネルギーは，数学的には宇宙定数と同じ」という考えが有力な説の一つになっているんですよ。

ええ〜っ！
じゃあアインシュタインは，まちがいどころか，ダークエネルギーの存在を予言していたわけですか!?

宇宙膨張が将来どうなるのかはわからない

先ほどお話ししたように，ダークエネルギーが将来にわたって一定なのか，それとも増加するのか，減少するのかは，よくわかっていません。
しかしいずれにしても，**宇宙の未来はこのダークエネルギーの密度が鍵であると考えられています。**
ダークエネルギーの密度の変化のしかたによって，三つの宇宙の未来のシナリオが想定されているんです。

と，いいますと？

もし仮にダークエネルギーの密度が今のままなら，宇宙が膨張しようとも，重力の作用でまとまっている天の川銀河や太陽系がふくれあがることはありません。その場合，やがて宇宙は空っぽになります。このような宇宙の最期をビッグフリーズ（Big Freeze）といいます。

ポイント！

宇宙の終わりシナリオ①

ビッグフリーズ（Big Freeze）

宇宙空間が膨張を続け，最後に空っぽになって終わりをむかえる。

しかし，将来，ダークエネルギーが薄まっていく可能性もあります。

そうなると，宇宙膨張は減速するんでしょうか？
だとしたら，その場合，宇宙はどんな最期をむかえるんでしょうか？

ええ，膨張速度はたしかに減速するでしょう。
宇宙の膨張速度はどんどん遅くなっていき，やがて収縮に転じる可能性があります。そうなると，**銀河どうしはどんどん接近していき，ついには宇宙全体が1点につぶれてしまいます。**このような宇宙の終焉は**ビッグクランチ（Big Crunch）**とよばれています。
Crunchとは，「押しつぶす」という意味です。

宇宙が押しつぶされて終わるなんて，悲しいですね。

一方，もしダークエネルギーが増加するとしたら，宇宙膨張の加速はもっとはげしくなっていくでしょう。
すると，天の川銀河や太陽系もふくれあがって引き裂かれます。それだけでなく，さらには原子すらも宇宙膨張に抵抗しきれず，ふくれあがって引き裂かれると考えられています。

ひゃー！
原子レベルで引き裂かれるなんておそろしすぎます！

そうですよね。
ありとあらゆるものが引き裂かれてしまうのです！

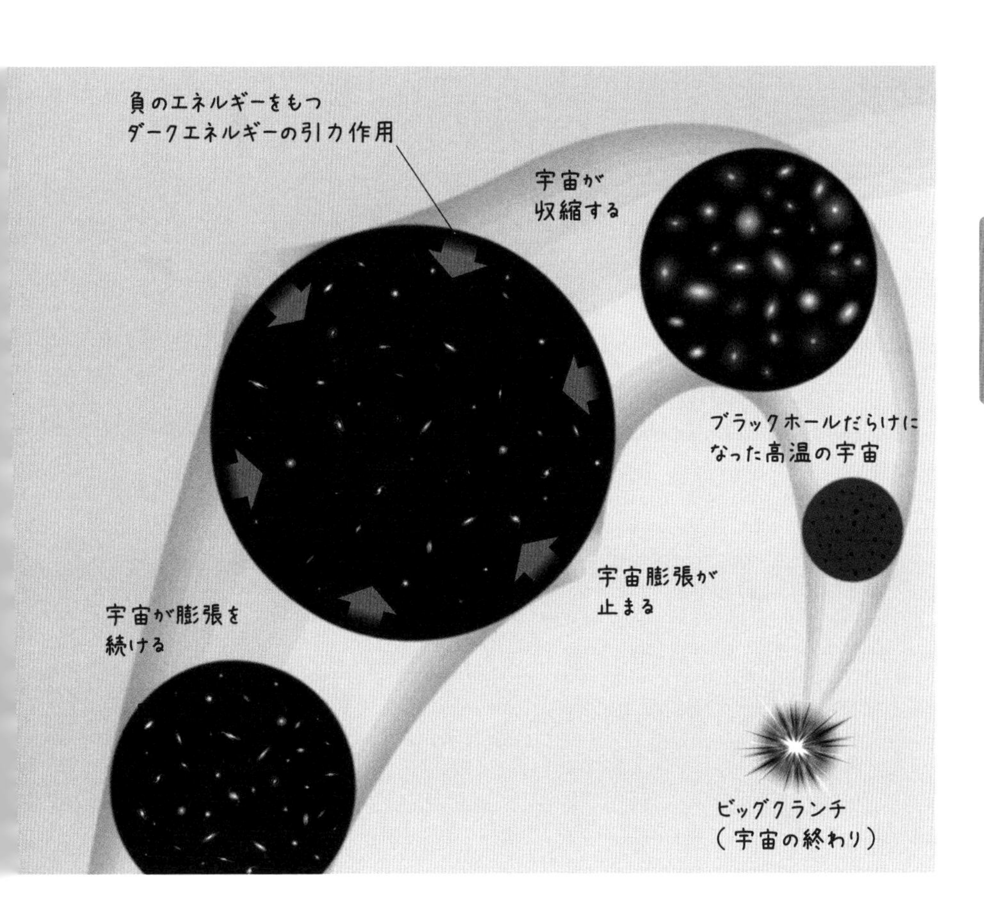

ポイント！

宇宙の終わりシナリオ②

ビッグクランチ（Big Crunch）

宇宙空間全体が1点に収縮し，
つぶれて終焉をむかえる。

このような宇宙の未来は，ビッグリップ（Big Rip）とよばれています。Ripとは，「引き裂く」という意味です。

そんな！

押しつぶされるのもいやですけど，引き裂かれるのもいやですね。もう，ダークエネルギーの密度が高まろうが下がろうが，どっちみち宇宙は助かりそうもありませんね。終わり方がちがうというだけで！

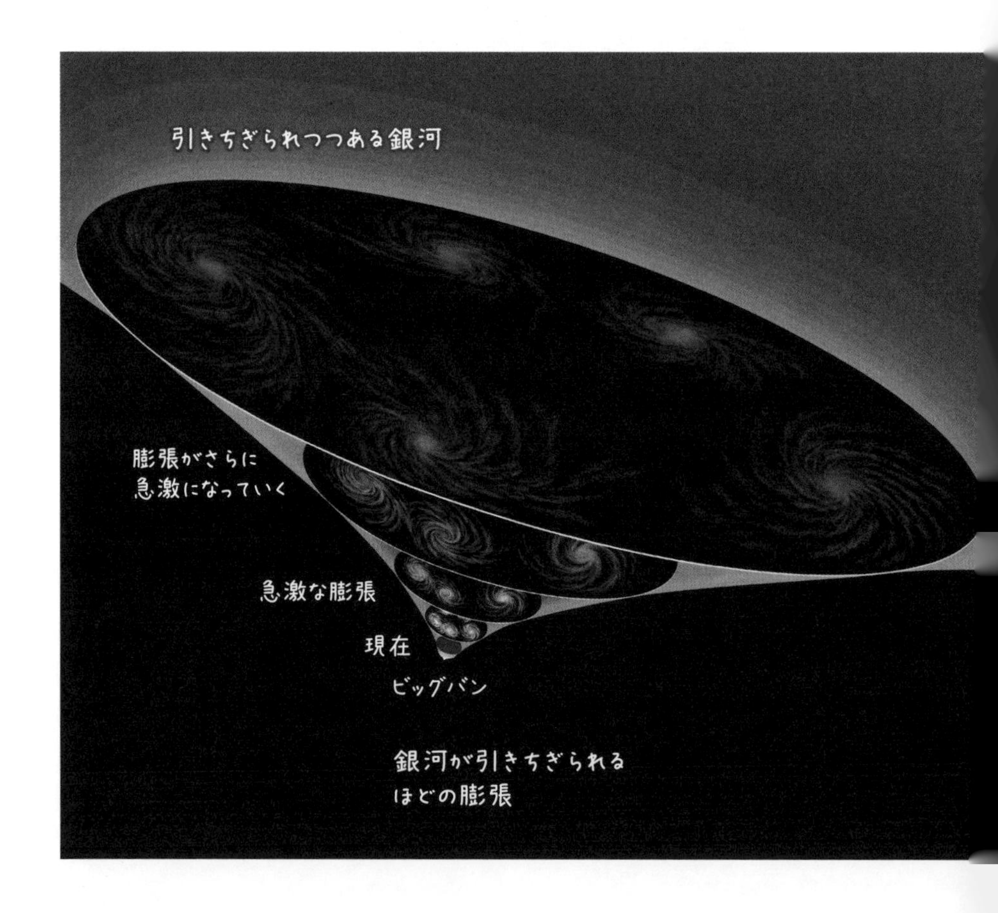

ポイント！

宇宙の終わりシナリオ③

ビッグリップ（Big Rip）

空間の膨張速度は無限大に達し，
宇宙は引き裂かれて終焉をむかえる。

そうですね。でも，これらとはことなる未来を考える物理学者もいるんですよ。宇宙の未来の予測については，いまだ混沌とした状況といえます。

宇宙は，ほぼ空っぽになる──ビッグフリーズ

先生，おそろしそうな終焉のシナリオばかりですね。
それぞれのシナリオについて，もう少しくわしく教えてもらえませんか。

ええ，いいでしょう。
宇宙の終焉のシナリオの中で，現在，最も可能性の高いものが**ビッグフリーズ（Big Freeze）**です。
フリーズとは「凍る」といった意味です。

「凍る」って……，何だかさびしそうな未来になりそうですね。

そうですね。ビッグフリーズは，**ビッグウィンパー（Big Whimper）**ともよばれています。
ウィンパーとは，「すすり泣き」という意味です。

大きなすすり泣き……。聞いただけで落ち込みそうです……。めちゃくちゃさびしそうじゃないですか。一体どんな状態になってしまうのですか？

もし，ダークエネルギーの密度が今後も**一定**だった場合，宇宙の未来は，2時間目でお話しした状態，すなわち，10^{34}年後以降には陽子が崩壊して原子が消滅し，宇宙からは天体がなくなって，ブラックホールばかりになります。さらに10^{100}年後ごろになると，ブラックホールも蒸発しつくしてしまい，宇宙から天体とよべるものがなくなり，宇宙はいくつかの素粒子が飛びかうだけの世界となってしまいます。
この段階で残っている素粒子は，**電子**，電子の反粒子である**陽電子（反電子）**，光（電磁波）の素粒子である**光子**，電気的に中性の素粒子である**ニュートリノ**，そして**ダークマターの粒子**くらいだと考えられます。これらは，崩壊しない，安定な素粒子だと考えられています。

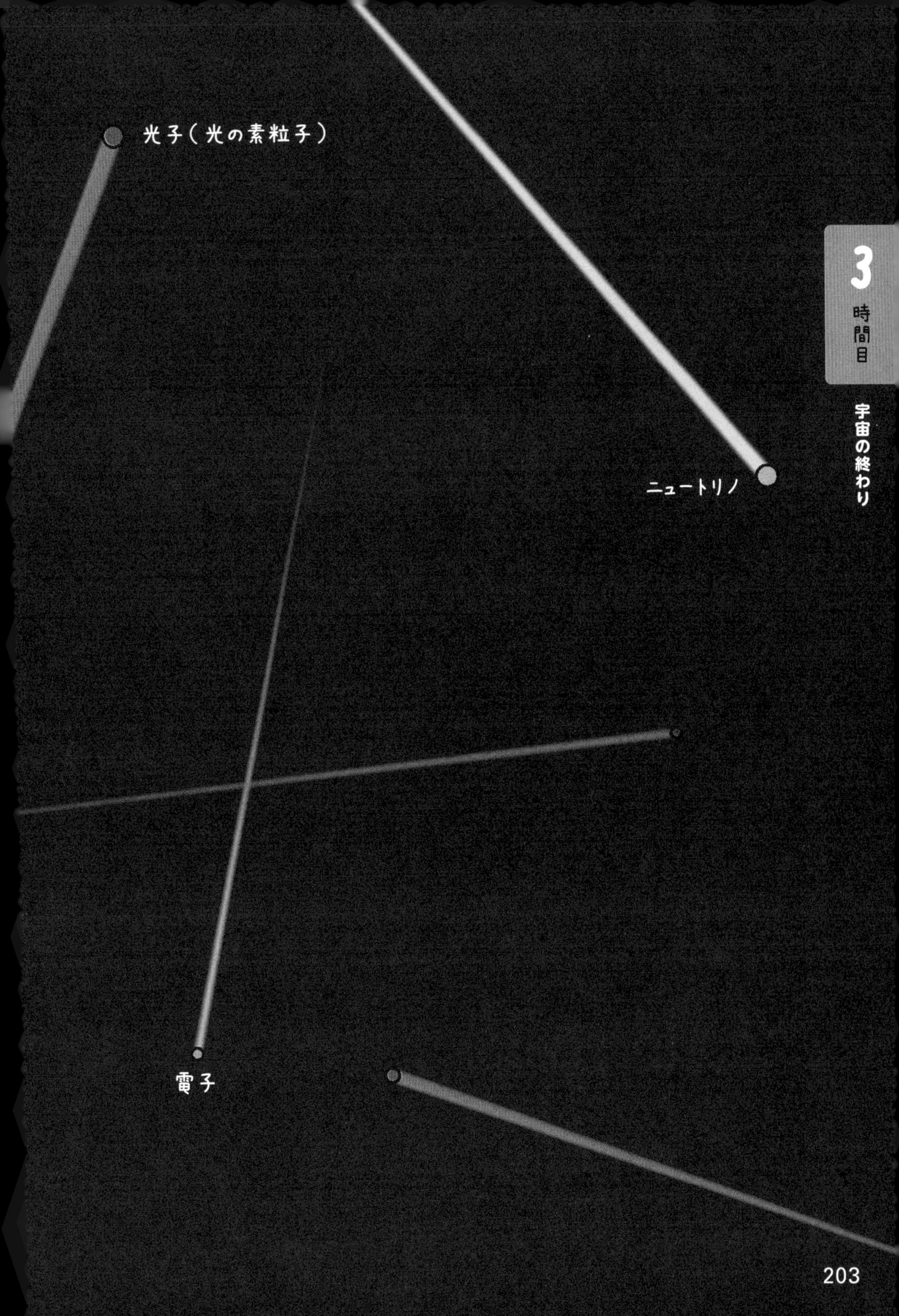

光子（光の素粒子）

ニュートリノ

電子

そういうお話でしたね。
ずいぶんとさびしい宇宙になるのですよね。

そうです。
そして，この状態であっても宇宙の加速膨張が続いていくと，素粒子の密度はゼロに近づいていき，素粒子どうしが近づくことさえおきなくなっていきます。そして，ブラックホールが消滅しつくしたころ（10^{100}年後ごろ）には，宇宙はほとんど空っぽの状態になってしまうのです。

空っぽの宇宙……。

このような宇宙では，何も変化がおきません。
時間がたっても何も変わらないわけですから，時間が意味をなさなくなります。事実上の時間の終わりといえるでしょう。

時間すら終わってしまう！

なるほど，だから「大きな凍結（ビッグフリーズ）」というわけですか。うう……何だか悲しいですね。シクシク。

ビッグフリーズをむかえた宇宙は生まれ変わる?

泣かないでください。「素粒子の密度がほとんどゼロとなり，何もなくなって時間さえ意味がなくなった，空っぽの宇宙」と聞いて，何か思い出しませんか？

ええっと……，何でしょう？　見当がつきません。

ほら，1982年，アレキサンダー・ビレンキン教授が唱えた「宇宙は空間も時間も存在しない“無”から生まれた」という説ですよ。

あっ！　空っぽって「無」と同じことですよね。
ということは，新しく宇宙が誕生するということですか!?

その通りです！　実際，ビッグフリーズに達した宇宙がさらに遠い将来，小さな宇宙に生まれ変わると予言している研究者もいます。

よかった～！
でもどうやって，宇宙が生まれるんでしょうか？

ビッグフリーズに達した宇宙は，空間があまりにも大きく膨張してしまっているため，素粒子の密度がゼロの状態と区別がつかなくなっています。

ビッグフリーズに達した宇宙

このような宇宙は，「トンネル効果」によって，ミクロサイズの宇宙に“生まれ変わる”可能性があることを，ビレンキン博士らは理論的な計算によって導いたのです。

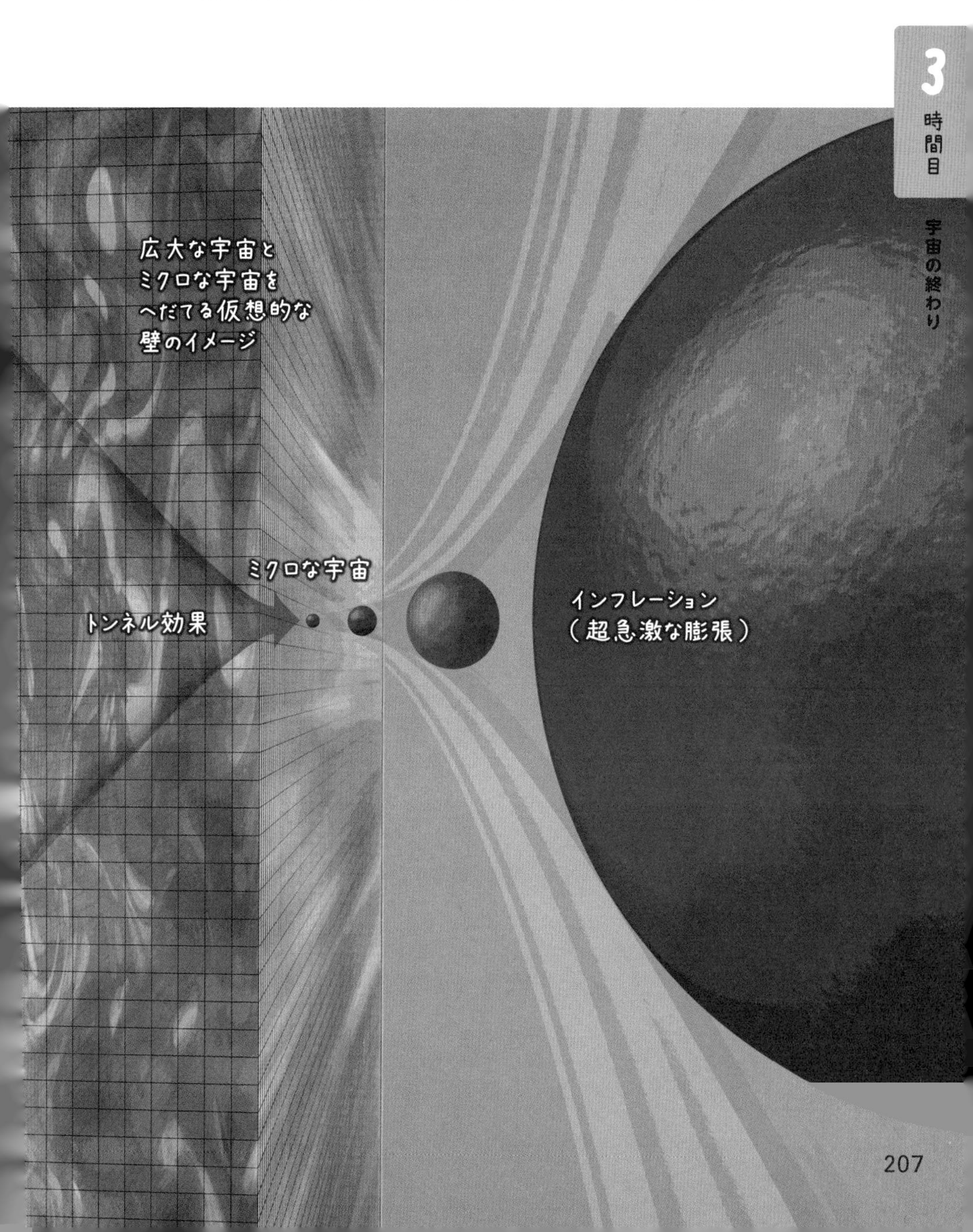

このようなことがおきる確率はきわめて低いですが，宇宙がかぎりなく加速膨張を続けていくなら，遠い将来には，いずれおきることになります。また，私たちが行った研究からは，ブラックホールを触媒としてトンネル効果がおこることを示す結果も出ています。

この研究結果にもとづいて考えると，蒸発する間際のブラックホールの地平線は，もう一つの宇宙につながる入り口だということになります。

もう一つの宇宙につながる，入り口!?

ええ。大下翔誉君と私の行ったこの研究によると，ビレンキン博士らが考えた時期よりもずっと早く，宇宙の再生成が実現することも考えられます。

こうして生まれたミクロな宇宙は，ダークエネルギーと似た，空間を加速膨張させるエネルギーに満ちたものになります。しかもダークエネルギーよりも圧倒的に大きなエネルギーであり，すさまじいいきおいで空間が膨張していきます。

ちょっと待ってください。

小さなミクロの宇宙が，ものすごいエネルギーによって一気に拡大するって，「インフレーション」と同じじゃないですか！

その通りです！　まさにこれは，宇宙誕生時におきたとされる「インフレーション」と同様のものです。

そしてインフレーションはいずれ終わりをむかえ，新たな宇宙の歴史がスタートすると考えられます。

そうなんですね！
そうやって，宇宙は再生をくりかえしていくわけですか。

ただし！
生まれ変わった宇宙は，私たちの宇宙とは，素粒子の種類や質量，素粒子の間にはたらく力など，さまざまな面でことなっていると考えられます。
そのような宇宙で恒星や銀河が誕生するのか，はたまた私たちのような生命体が誕生するのかは，よくわかりません。

素粒子からちがっているなんて，一体どんな宇宙なんだろう。見当もつきませんが，ちょっとワクワクもしますね。

もしこの仮説が正しいのなら，私たちが今いるこの宇宙も，生まれ変わりを経たあとの宇宙なのかもしれません。

宇宙が収縮し，つぶれて終わる――ビッグクランチ

199ページで，ダークエネルギーの密度が今後減少していく場合，宇宙の膨張速度はどんどん遅くなり，やがて収縮に転じて，最後は宇宙が1点に収縮してつぶれて終わる，というお話をしましたね。

「ビッグクランチ」ですね。

そうです。
ビッグクランチについて，もう少しくわしく見ていきましょう。
ダークエネルギーの密度が減少していく割合が小さければ，宇宙の膨張は永遠につづき，やがてビッグフリーズをむかえます。
つまり，宇宙から天体とよべるものがなくなり，宇宙は空っぽになって終わるというものです。

減少といっても，その割合が大きい場合が問題なのですね!?

そうです。
もしダークエネルギーの密度が減少していく割合が極端に大きい場合，ダークエネルギーが「負のエネルギー」をもつようになり，空間の膨張を引き戻そうとする引力の作用をもつようになるのです。

負のエネルギー？

はい。負のエネルギーとは，普通のエネルギーとは逆の性質をもつと仮定されたエネルギーです。
そのため，膨張ではなく，引き戻そうとするエネルギーとしてはたらくわけです。
これによって，宇宙の膨張はいずれ止まってしまい，その後，収縮に転じます。

どうしてダークエネルギーが負のエネルギーになるってわかるのですか？

たしかにダークエネルギーが負のエネルギーをもつようになるというのは，非常に奇妙かもしれません。しかし，そもそもダークエネルギーの正体が現状では不明なので，このような可能性も理論的に考えられているのです。

理論上は，ということなんですね。

宇宙の膨張速度がどんどん遅くなり，ついに膨張速度が止まってしまうと，ダークエネルギーの引き戻すエネルギーによって，宇宙は収縮に転じていきます。
すると，198ページでお話ししたように，銀河はどんどん合体していきます。
そうなると，銀河の中心にあるブラックホールは，次々と銀河の星々を飲み込んでいき，どんどん巨大化していきます。
そうして，宇宙はやがて，巨大なブラックホールだらけになっていくのです。

そういうしくみだったんですねぇ。

また，169ページでもお話ししましたが，宇宙には，宇宙背景放射という，微弱な光が飛びかっています。
この宇宙背景放射の波長が，空間の収縮にともなって，どんどん短くなっていきます。

そうでした。たしか，宇宙が膨張していくと，宇宙背景放射の波長が引き伸ばされていくので，宇宙の温度は低くなるというお話でしたよね。
波長が短くなっていくということは……？

そうです。宇宙背景放射の波長が短くなっていくということは，宇宙の温度が上がっていくことを意味します。その結果，宇宙は超高温の世界と化し，宇宙全体が光り輝くことになるのです！

わー！
ブラックホールだらけの暗〜い感じじゃないんですね！

そして超高温の宇宙の中で，巨大ブラックホールどうしは合体していき，最終的には，宇宙空間全体が1点につぶれて，終焉をむかえ，宇宙は無に帰すのです。

ビッグクランチでつぶれた宇宙は，はね返るかも

ビッグクランチだと，結局すべて「無」になって，それでもうオシマイなわけですか？

そうですが，厳密にいえば，現代物理学では，ビッグクランチ後の宇宙がどうなるかは解明できていません。

じゃあ，それでオシマイともいい切れないわけですね!?

そうですね。
事実，ビッグクランチのあと，宇宙は“はね返り”（ビッグバウンス：Big Bounce）をおこし，収縮から膨張に転じるという考え方もあります。
この場合，宇宙は，「ビッグバン→膨張→収縮→ビッグクランチ→ビッグバン→膨張→収縮→ビッグクランチ→……」というサイクルをくりかえすことになります。このような考え方は，サイクリック宇宙論とよばれています。

そうでした！　宇宙は終焉をむかえるけれど，生まれ変わるかもしれないっておっしゃっていましたね！

そうです。ビッグクランチとは，全宇宙が大きさゼロの点につぶれる現象です。
そして，その点の密度と温度は，最終的に無限大になってしまいます。

「大きさゼロの点」って，**特異点**ですか!?
1時間目に，この宇宙の歴史をさかのぼると，特異点に行き着くというお話がありましたよね。でも，特異点では，今までの物理学の理論が通用しないのでしたよね。

そうです。ビッグクランチをむかえた宇宙も，密度無限大の特異点に行き着きます。
特異点では，既存の物理法則が成り立たないので，物理学者たちは，一般相対性理論と量子論を融合させた**量子重力理論**を使わないと，特異点で何がおきるかは完全には解明できないと考えています。

でも，その理論って，まだ完成していないんでしょう？

はい。量子重力理論はいくつかの候補が研究されているものの，未完成のままです。おさらいになりますが，素粒子はミクロな“ひも”でできているとする**超ひも理論（超弦理論）**が，この量子重力理論の有力候補です。

ビッグクランチをむかえた宇宙が，生まれ変わるかどうか，まだよくわからないんですね。

ポイント！

ビッグバウンス（Big Bounce）：はね返り

ビッグクランチのあと，宇宙は“はね返り”をおこして，収縮から膨張に転じる，という仮説。

宇宙は，ビッグバン → 膨張 → 収縮 → ビッグクランチ
→ ビッグバン → 膨張 → 収縮 → ビッグクランチ → ……
をくりかえす!?

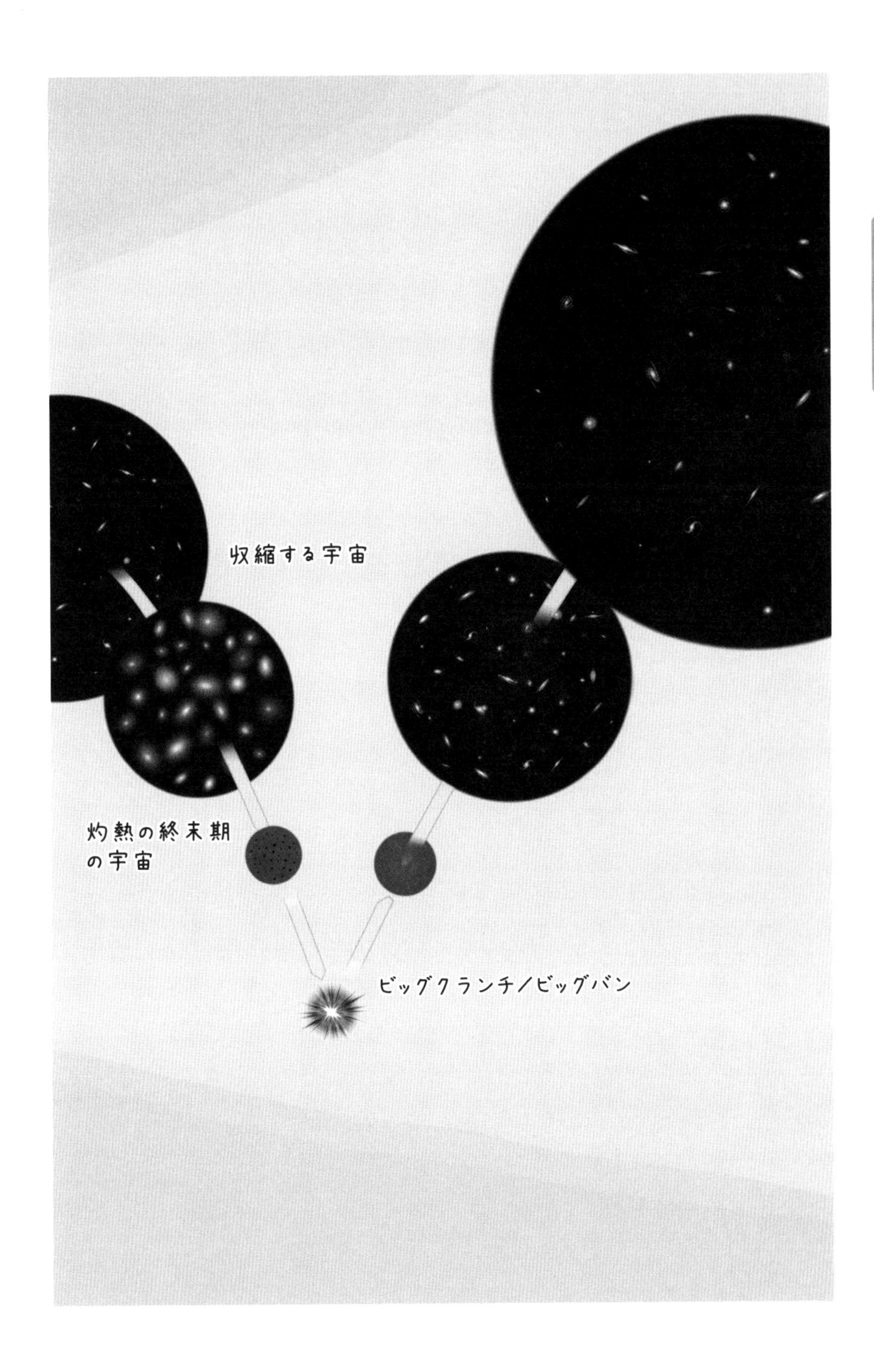
収縮する宇宙
灼熱の終末期
の宇宙
ビッグクランチ／ビッグバン

あらゆる天体が，引き裂かれる—ビッグリップ

ダークエネルギーの密度が増加していく場合，宇宙膨張の加速はもっとはげしくなっていき，最終的に宇宙は引き裂かれるとお話ししました。
最後に，この終わり方について，見ていきましょう。

ビッグリップ（Big Rip）でしたね！

そうです。このようなダークエネルギーは非常に奇妙なため，**ファントムエネルギー**ともよばれています。
ファントムは**幽霊**という意味です。

どこからともなくわいてくるなんて，まさに幽霊っていう感じですね。

そうですね。
まず，前提として，宇宙空間が膨張したとしても，銀河団や銀河，太陽系や地球，そして原子など，すべてが膨張するわけではありません。なぜなら，実際は，空間の膨張の効果よりも，重力や電気的な引力によって大きさを保とうとする効果の方が勝るためです。
ただし現在の宇宙では，銀河団より大きなスケールでは，宇宙膨張の効果が重力に勝って，銀河団どうしはどんどんはなれていきます。

いろいろな要素が絡んでくるんですねぇ。

はい。しかし，ダークエネルギーの密度が増えていく場合，そうはなりません。
宇宙膨張の効果は，やがて銀河団を構成している銀河どうしの重力の効果を上まわり，銀河団をちりぢりにしてしまいます。その後，銀河を構成している恒星たちもちりぢりになっていき，さらに時間が進むと，太陽系のような惑星系も膨張してちりぢりになってしまいます。

ひえ～！
地球も火星も木星も，全部の惑星が，太陽からはなれて，バラバラになるんですか。

それだけではありません。地球などの固体の物体もふくらんで破壊され，最終的には原子や原子核すらも破壊されます。**ともかく，あらゆる構造が空間の膨張によって引き裂かれ，空間の膨張速度は無限大に達し，宇宙は終焉をむかえるのです。**
これが，「ビッグリップ（Big Rip）」です。

ビッグリップって，どれぐらいの未来におこりうるのでしょう？

それはダークエネルギーの密度がどのように増えていくかによりますので一概にはいえません。
ただし，どんなに早くても1000億年以上は先になると考えられています。

はるか先の未来ですね。

あらゆる構造がふくれあがる未来

ダークエネルギーの密度が極端に増えていった場合，銀河，太陽系のような惑星系，恒星，惑星，そして原子すらも，空間の猛烈な膨張によってふくれあがってこわされていく。

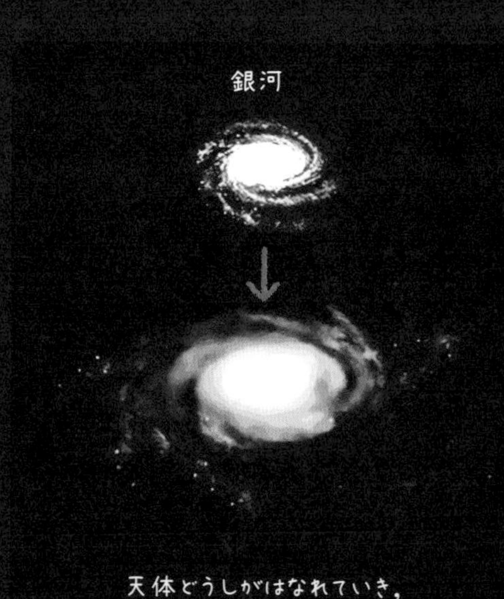

天体どうしがはなれていき，銀河が膨張する。

原子

電子

原子核

原子核と電子を結びつけている電気的な力を，空間の膨張の作用が上まわり，原子がふくれあがってこわされる。

3時間目　宇宙の終わり

STEP 2

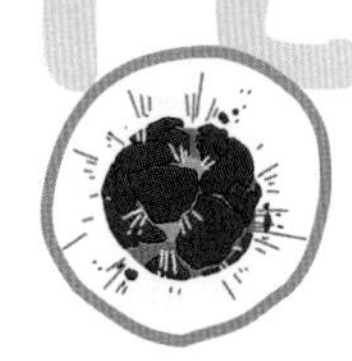

第4のシナリオ，宇宙の突然死

宇宙の終焉が，はるかかなたの未来ではなく，突如訪れるという，別な説があるといいます。宇宙の突然死をもたらすかもしれない「真空崩壊」とは，一体どのようなものなのでしょうか。

宇宙の突然死「真空崩壊」

ここまで，いろいろな宇宙の終焉についてのシナリオを見てきました。
ビッグフリーズにせよ，ビッグクランチにせよ，あるいはビッグリップであっても，宇宙はその“寿命”が尽きることで，終わりをむかえるわけです。

つぶれるとか引き裂かれるとか……。
どれもこれも衝撃的なシナリオでしたねぇ。
何千億年も先のことだとはいえ，おそろしいです。

そうですよね。
でも実は，これらのシナリオとはまた別な，“番外編”のシナリオもあるんです。

ドキー！
まだあるんですか!?　こわいんですけど……。

これまでお話しした宇宙終焉のシナリオは，人間でいえば“老衰”によって死にいたるケースです。
しかし，何か不測の事態によって，いきなり死にいたってしまう場合もありますよね。
宇宙も同じで，ある現象によって宇宙が“突然死”する可能性が指摘されているのです。

宇宙の突然死!?

じゃあ宇宙の終焉は，はるか遠い未来どころか明日訪れる場合もあるってコトですか!?　一体なぜ!?

まあまあ，落ち着いてください。
宇宙の突然死を引きおこすのは，あらゆる物体が消滅する**真空崩壊**とよばれる現象です。

真空が崩壊……。名前からしてこわいんですけど。
それはいったいどういうものなんでしょうか？

まず**真空**とは，気体分子などの物質はもちろん，光子なども含めたありとあらゆる粒子が完全に取り除かれた空間のことを指します。

「酸素がない」レベルじゃなく，素粒子レベルで何もない，本当の空っぽ，ということですか。

そうです。空間そのものを指すわけです。
私たちのいる，この宇宙の真空（空間）は，エネルギーが低い状態にあります。

ところが，この宇宙の真空よりも，もっとエネルギーの低い状態の真空が存在しうるかもしれないことが近年わかってきました。
つまり，私たちの宇宙の真空はいわば“偽の真空”であり，よりエネルギーの低い“真の真空”が存在する可能性があるのです。

エネルギーが低い真の真空!?
もし，そんな意味のわからないものが存在していたとして，何が問題なんですか？

この世界の法則として，あらゆる物質は，エネルギーの最も低い状態を好みます。
これと同様に，もし“真の真空”があった場合，水が斜面の高い場所から低い場所に流れるように，“偽の真空”は，より低いエネルギー状態の方，つまり“真の真空”に向かおうとします。

よくわかりませんが，何となくイヤな予感がします……。

フフフ。次のイラストを見てください。
“偽の真空”は，いわば“くぼ地の底”にあり，安定しているため，普通はより低いエネルギーの状態（真の真空）に向かおうとはしません。

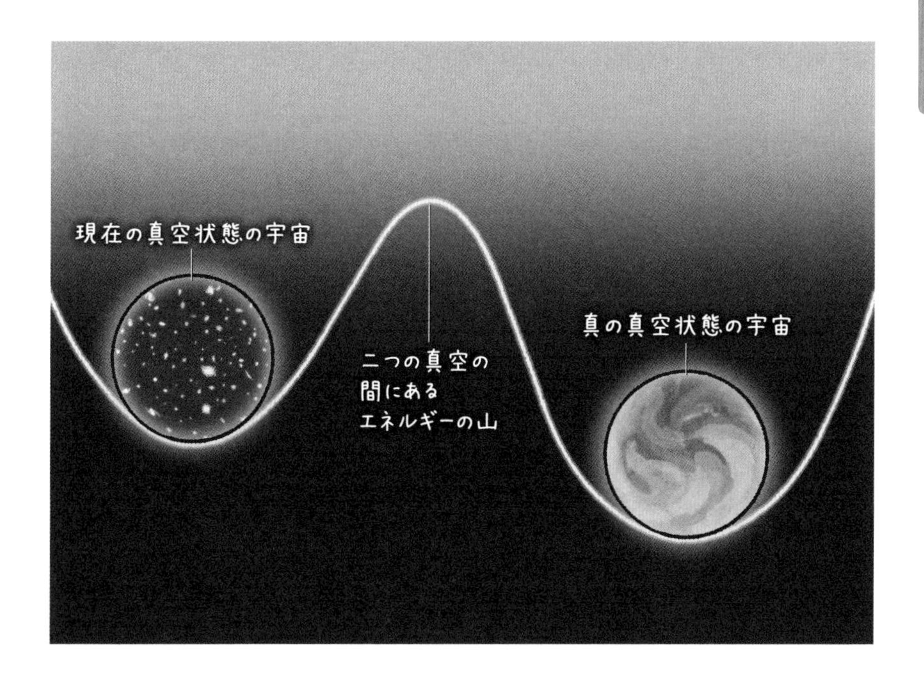

なるほど。
ちょっと高い山の盆地にある池みたいなものですね。

そうです。でも，これまで何回かお話ししているトンネル効果を思い出してください。
トンネル効果を考えると，“偽の真空”は永久に安定ではなく，くぼ地と斜面をへだてている“山”をすり抜け，よりエネルギーの低い真の真空に向かう可能性があるのです。

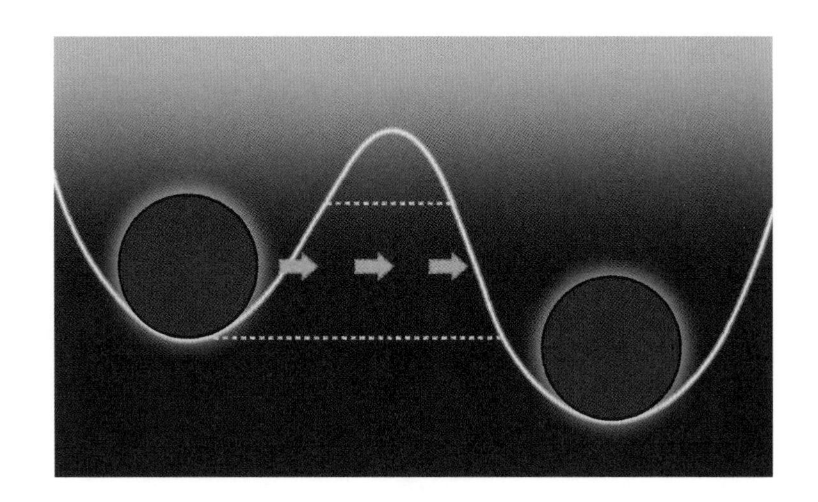

ということは，現在の宇宙空間が，突然“真の真空”に転生してしまうわけですか!?

一瞬で変わるわけではありませんが，ざっくりいえば，そういうことですね。この宇宙が真の真空へと変わり，空間の性質が変わってしまうこと，これが**真空崩壊**なのです。真空崩壊はまず，小さな“**真の真空の泡**”をつくります。そして，この小さな泡が光速に近い速さで膨張していき，やがて宇宙を飲み込んでしまうのです。

光速に近い速さで膨張……。“偽の真空”が“真の真空”になると，一体どうなってしまうのですか？

真空の状態が変わると，電子などの素粒子の質量，あるいは素粒子の間にはたらく力の強さなどが変わってしまいます。すなわち，**宇宙の物理法則が書きかわってしまうのです。**

物理の法則が変わるぅ!?
一体，どんな現象おこるのか，全然想像がつかないんですが……。

実際，真の真空の中がどのような世界になるのかはわかりません。
しかし，私たちの世界の原子は形を保てず，既存の物体はすべてくずれ去ってしまうことでしょう。

すべてくずれ去る!?
これもまた激しい終わり方ですね。しかも真空崩壊って，突然おきる可能性もあるわけですよね。
一体どのくらいの確率でおきるものなのでしょう？
今このときにおきる可能性もあるんですよね!?

真空崩壊がおきる確率は，ある理論によると，**10の数百乗年に1回程度**だといいます。
まあ，ですから，私たちの生涯のうちに真空崩壊がおきる心配は全くありません。

そうなんですね！
よかった〜。ひと安心です！

とはいえ，現代物理学では真空の性質についてまだ完全に理解できていないため，この確率の見積もりは今後，大きく変動する可能性があります。

先生〜！
またまた最後におどかさないでくださいよぉ！

真空崩壊した領域が，地球を飲みこもうとしている瞬間のイメージ。真空崩壊した領域は，今の宇宙とはまったくちがう物理法則に支配されることになると考えられている。そのため，原子や分子など，宇宙に存在するありとあらゆる物体の構造が崩壊してしまうと考えられる。真空崩壊に飲みこまれた地球も，一瞬でばらばらになってしまうことだろう。

真空のエネルギーが真空崩壊の鍵

真空崩壊による宇宙終焉のシナリオは，ざっと今お話しした通りです。ここからは，真空崩壊について，さらにくわしく見ていきましょう。

はい。とりあえず真空崩壊がおきる確率はかなり低そうですが，油断ならないですね。

そうですよ。それではまず，「真空とは何か」というところからはじめましょう。先ほど，「本当の真空は，空気だけじゃなく，あらゆる粒子を完全に取り除いた状態の，本当に空っぽの空間」であるとお話ししました。

はい。「空気がない」とか，そんな生やさしい空間ではないと。

その通りです。それでは仮に，密閉した容器から，空気や細かなちりなどの物質をすべて取り除くとします。
すると，その空間は「真空」といえるでしょうか？

すべての物質を取り除いたのですよね。
何にもないんですよね？　でしたら真空といえるんじゃないでしょうか？

残念ながらそうではないのです。実は，物理学の世界では，気体分子やちりなどの微細な物質を完全に取り除いただけでは，まだ本当の意味での真空とはいえないんです。

そうなんですか？　すべて取り除いたのに？

たとえあらゆる物質を取り除いたとしても，空間には，光（電磁波）がさし込んでいます。
光は**電磁波**という波であると同時に，**光子**という粒子でもあります。つまり，気体などの物質を取り除いたとしても，光子などの“物質ではない粒子”が空間に残ってしまうのです。

じゃあ，光子も全部取り除けば真空になるわけですね。

そうです。**本当の真空とは，気体分子などの物質はもちろん，光子などを含めた，ありとあらゆる“粒子”が完全に取り除かれた空間の状態のことをいいます**

これでようやく真空ができましたね。

ところが！

実は，ありとあらゆる粒子を取り除き，本当の真空が実現できたとしても，空間には何らかのエネルギーが残ると考えられています。
この，取り除くことのできない，空間に残されたエネルギーのことを**真空のエネルギー**といいます。
「真空のエネルギー」とは，空間で実現しうる，最も低い状態のエネルギーだといえます。

ええっ！　すごく不思議ですね……。
何もかも，光さえもすべて取り除いて空っぽにした空間には，エネルギーが満ちてる，ってことですか。

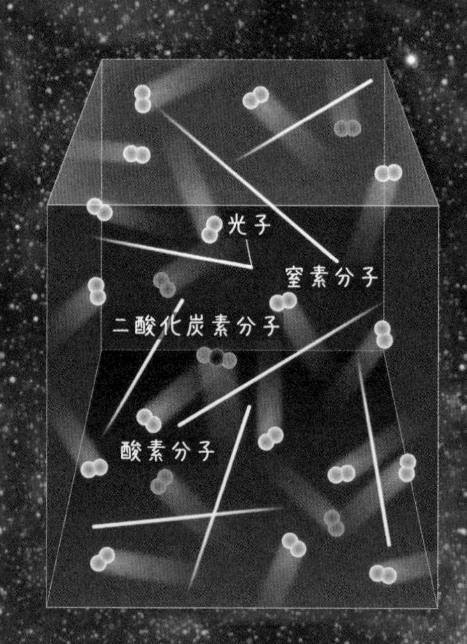

そうですね。つまり「無」とは，「何もない」という意味ではないともいえます。
そして，「真空崩壊」という現象には，空間に残された，この「真空のエネルギー」が大きく関係しているのです。

真空の変化が物理法則の崩壊を招く

「真空崩壊」には，「真空のエネルギー」が大きく関係しているということですが，そもそも「“偽の真空“が”真の真空“に変わる」って，どういうことなんでしょう？

たとえば，水は温度によって，水蒸気や氷に変化しますよね。このように，物質の状態が変化する現象のことを**相転移**といいます。
実は，真空の状態も，まさにこの水の相転移のように，まったく別の姿に変化してしまう可能性があるのです。これを**真空の相転移**といいます。

ううむ。

先ほど，水は高い場所から低い場所に自然と流れていくとお話ししました。このように，**この世界では，あらゆる物質はエネルギーの最も低い状態を好みます。**
水が氷になるのも，0℃以下では，水分子どうしが規則的につながって氷になる方が，エネルギーが低いからなんです。

じゃあ, 真空崩壊では, トンネル効果がキッカケとなって, 水が氷になるのと同じように，この宇宙の真空がもっとエネルギーの低い状態に変化するわけですか……。
でも先生，本当にそんな突拍子もないことがおきうるんでしょうか？

その鍵をにぎるのが，2012年に，スイスのジュネーヴ郊外にある**LHC**（大型ハドロン衝突型加速器）という，世界最大規模の実験装置で発見された，**ヒッグス粒子**です。**ヒッグス粒子は，さまざまな素粒子の質量にかかわる素粒子で，「真空」の性質にも大きく影響をおよぼす素粒子です。**

ヒッグス粒子？　聞いたことがない粒子ですね。
質量にかかわる粒子，ってどういうことですか？

ヒッグス粒子について，少し説明しておきましょう。
実は，ヒッグス粒子が発見されるよりずっと前から，真空には**ヒッグス場**とよばれる何かが満ちていると考えられていました。
これは，ベルギーの**ロベール・ブルー**，**フランソワ・アングレール**とイギリスの**ピーター・ヒッグス**という理論物理学者が同じ年に独立して提案した理論で，ヒッグス粒子が発見される40年ほども前から，理論的に予想されていたものです。

「場」，ですか……。

ええ。真空中を進む光の速度は秒速30万キロメートルで，これが自然界における最高速度です。
これに対して，**光以外のほとんどの素粒子は，真空中に満ちている“何か”によって，スピードを遅くさせられていて，この“何か”がヒッグス場である，という理論です。**

へえぇ……。

ヒッグス場は，真空中を埋め尽くす“**水あめ**”みたいなものだと考えられていて，一部を除く素粒子は，その“水あめ”みたいな場の抵抗を受けることで，スピードが遅くさせられるというのです。

なるほど～。
進みにくそうですね。

そして，ヒッグス場は空間を埋めつくしているので，そこを進む素粒子は“**ヒッグス場の衣**”をまとって進むことになります。

面白い。
りんご飴みたいな状態になるわけですね。

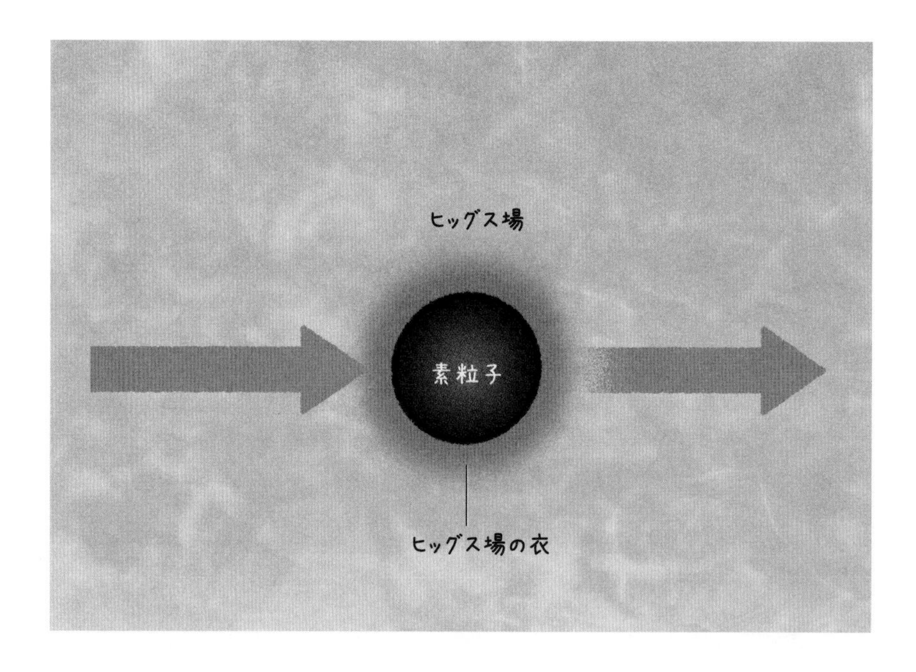

ふふふ，そうですね。また，“ヒッグス場の衣”の厚み＝抵抗の受けやすさは，素粒子によってことなります。**つまり，衣が厚い素粒子ほど動きにくくなるわけで，実はこの「動きにくさ」こそが，「質量の正体」だと考えられているのです。**
たとえば電子はあまりヒッグス場の影響を受けないので，簡単に動かせます。つまり，質量が小さい素粒子だといえるわけです。
このように，**ヒッグス場は，素粒子に質量を与えるはたらきをもつと考えられているのです。**

へえええ〜！　そういうことですか。

ですから，私たちがこうして存在していられるのも，ヒッグス場があるからこそなのです。もしヒッグス場がなければ，原子の中の電子は光速で飛び去ってしまい，原子は形を留めておくことができなくなるからです。

なるほど……。

このヒッグス場の存在を実証するためには，その場の存在を示す素粒子が必要です。
そこで，物理学者たちは，LHCを使ってくりかえし実験を行っていたわけです。
ちなみにLHCは，1周が約27キロメートルもある環状の管と検出装置から成る実験装置です。
この装置の管を真空にし，陽子を光速近くまで加速させて正面衝突させ，その膨大なエネルギーを1点に集中させて，「ヒッグス場」をゆり動かすのです。

ひゃあ〜！　途方もないスケールの実験ですね。
1周27キロメートルって，どんな装置なんですか！

とんでもないでしょう。
このような実験をくりかえし行っていた結果，あるときヒッグス場に生じていた“波”がかたまりになって飛びだしてくるという現象が発見されたのです。
これが**ヒッグス粒子**です。こうして，2012年にヒッグス粒子が検出され，ヒッグス場の存在が証明されたというわけです。このヒッグス場の存在を予言していたヒッグス博士とアングレール博士は，2013年にノーベル物理学賞を受賞したのです。

すごいお話ですね……。
ヒッグス粒子が，さまざまな素粒子の質量にかかわる素粒子だということがわかりました。

さて，ヒッグス粒子についての説明が長くなりましたが，真空の変化についてのお話に戻りましょう。
ヒッグス粒子の質量は，**約125GeV**です。
(「eV」はエネルギーや質量の単位で，1GeVは1eVの10億倍にあたります)。
実は，このヒッグス粒子の質量は，発見される前はもっと大きいと予想されていたんです。

実際に検出してみたら，思っていたより小さかったと。

そうです。
そこで，ヒッグス粒子の発見以降，実際に観測された質量と，理論的に予想されたヒッグス粒子の質量の相違点が整理されました。そしてその結果をもとに，真空のエネルギーを計算したのです。その結果，先ほどもお話しした，おどろくべきことが判明したのです。
つまり，現在の真空が，あらゆる状態の中で最もエネルギーが低い真空ではない可能性があることが判明したのです。

「現在の真空はいわば“偽の真空”で，さらにエネルギーの低い，“真の真空”が存在するかもしれない」というわけですね。

そうです。
水がエネルギーの低い氷に変化するのと同じように，偽の真空が，よりエネルギーの低い“真の真空”へと変化してしまう可能性があることを意味します。この，真空の状態変化が，「真空崩壊」ということなのです。
そして，真空崩壊がおきると，“偽の真空”から“真の真空”へ真空の状態が変化し，その結果，原子一つ一つにいたるまで，世界のあらゆる物質が崩壊するというわけです。

先ほど，「私たちが存在しているのは，ヒッグス場があるおかげ」とおっしゃっていましたよね。真空崩壊って，その性質が丸々失われるってことなんですね！

エネルギーの山を通り抜けて真空崩壊がおきる

実は，LHCの建設時に，そこで行われる実験によって真空崩壊が引きおこされる可能性が指摘されていました。

ええっ！
実験で真空崩壊がおきる!?

そうなんです。
LHCは，加速させた陽子（水素の原子核）どうしを衝突させたときのエネルギーを利用して，いろいろな粒子を発生させることができます。
このときに生じるエネルギーは，実に**13TeV**にもおよびます。eV（電子ボルト，エレクトロンボルト）は，素粒子やイオンがもつエネルギーの単位で，1TeV（テラエレクトロンボルト）は1eVの1兆倍にあたります。

ものすごいエネルギーが発生するんですね。

そうです。仮に，“真の真空”が存在し，現在の宇宙の真空との間にあるエネルギーの山がLHCの実験で生じるエネルギーにくらべて小さければ，どうなるでしょう？

そのエネルギーの山を越えてしまいそうですね！

その通りです。
そして真空崩壊が発生し，地球が“真の真空”に飲み込まれてしまうのではないかと心配されたのです。

すごく**危険**じゃないですか！　科学実験によって地球が飲み込まれるかもしれないなんて！

しかし，地球の周囲では，LHCの実験で生じるよりももっと高いエネルギーをもつ宇宙線（放射線）が，大気に含まれる気体分子と常に衝突しています。
これほどの高エネルギー現象がしょっちゅうおきているにもかかわらず，地球は“真の真空”に飲み込まれていません。ということは，少なくとも，LHCの実験で生じるエネルギー程度では，真空崩壊が発生することはないだろうと考えられます。

ああ，よかった。でも逆にいえば，世界最高レベルのエネルギーが生じるLHCの実験でも，真空崩壊を引きおこすにはエネルギーが足りないということですか。

そうですね。
人為的に真空崩壊を発生させるには，地球の大きさをもこえる，まさにけた外れの加速器が必要になるといわれています。とはいえ，「トンネル効果」を考えると，エネルギーの山を直接こえられなくても，真空崩壊がおきてしまう可能性があると考えられています。

そうでした！　真空崩壊は，トンネル効果でおきるというお話でしたね。先生，たとえば，宇宙のある場所で真空崩壊がおきるとしますよね。
先ほどのお話だと，最初に“真の真空の泡”が生じて，それが加速しながらすごい勢いで膨張していき，最終的にはほぼ光速で広がっていく，ということでした。

このとき，私たちはそれを発見することはできないんでしょうか？　知らないうちにあっという間に飲み込まれて，原子までバラバラになるなんて，イヤなんですけど！

そうですね，今の宇宙とはまったくことなる物理法則の世界になることはたしかです。しかし，私たちの観測方法は，私たちの宇宙の物理法則にもとづいていますから，その物理法則がことなるのであれば，私たちは，真空崩壊した領域を観測するはできないかもしれません。

そんなぁ……。どうにもならないんですか？

ただ，真空崩壊した領域と，真空崩壊していない領域の境界は，非常に高いエネルギーをもっていると考えられています。
ですから，宇宙空間に存在するガスやちりなどの細かい粒子が，高いエネルギーをもった“壁”にはじかれて，真空崩壊した領域との境界が光って見えるかもしれない，と考える物理学者もいます。

なるほど。
光で発見できるかもしれないんですね！

宇宙を見渡したとき，ほぼ光速で拡大している得体の知れない光輝く領域が発見されたら，それは“真の真空”がせまっているのかもしれません。
しかし，この領域は球状に広がっていくと考えられるので，それが私たちに見えた次の瞬間には，私たち自身も飲み込まれてしまうことでしょう。

偽の真空(現在の真空)

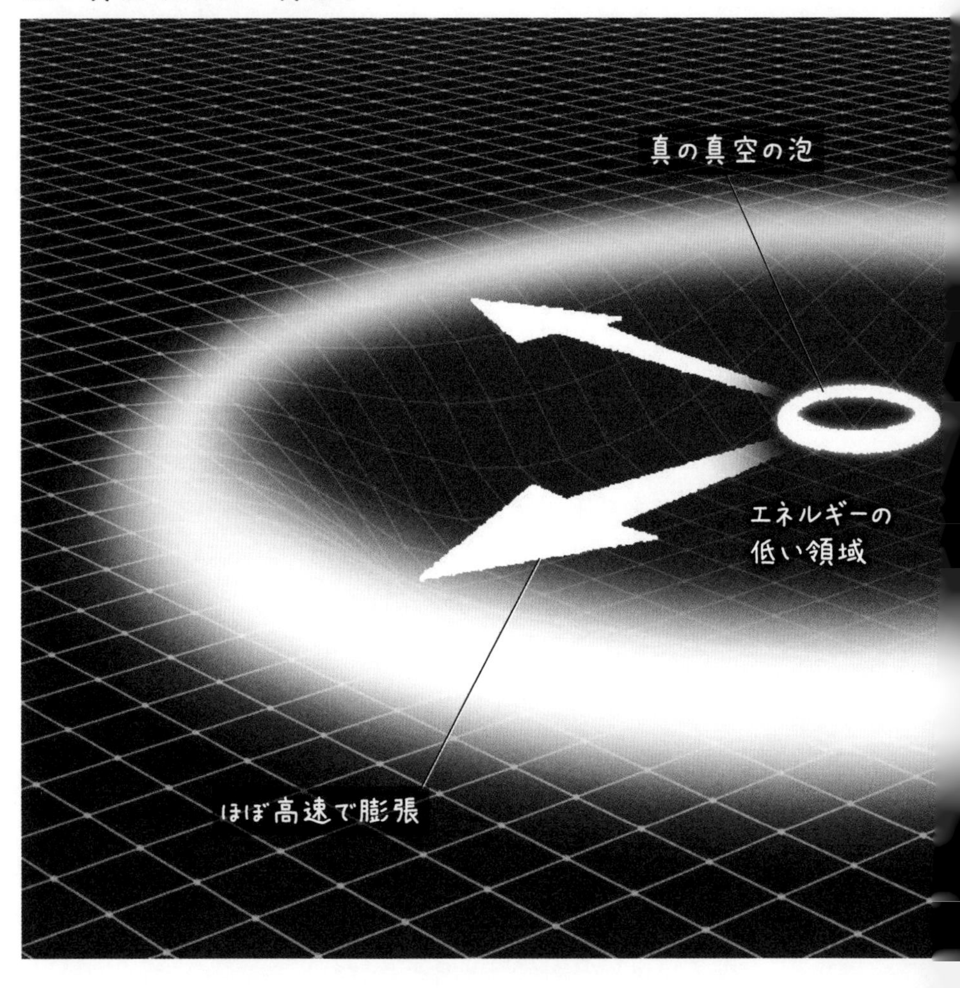

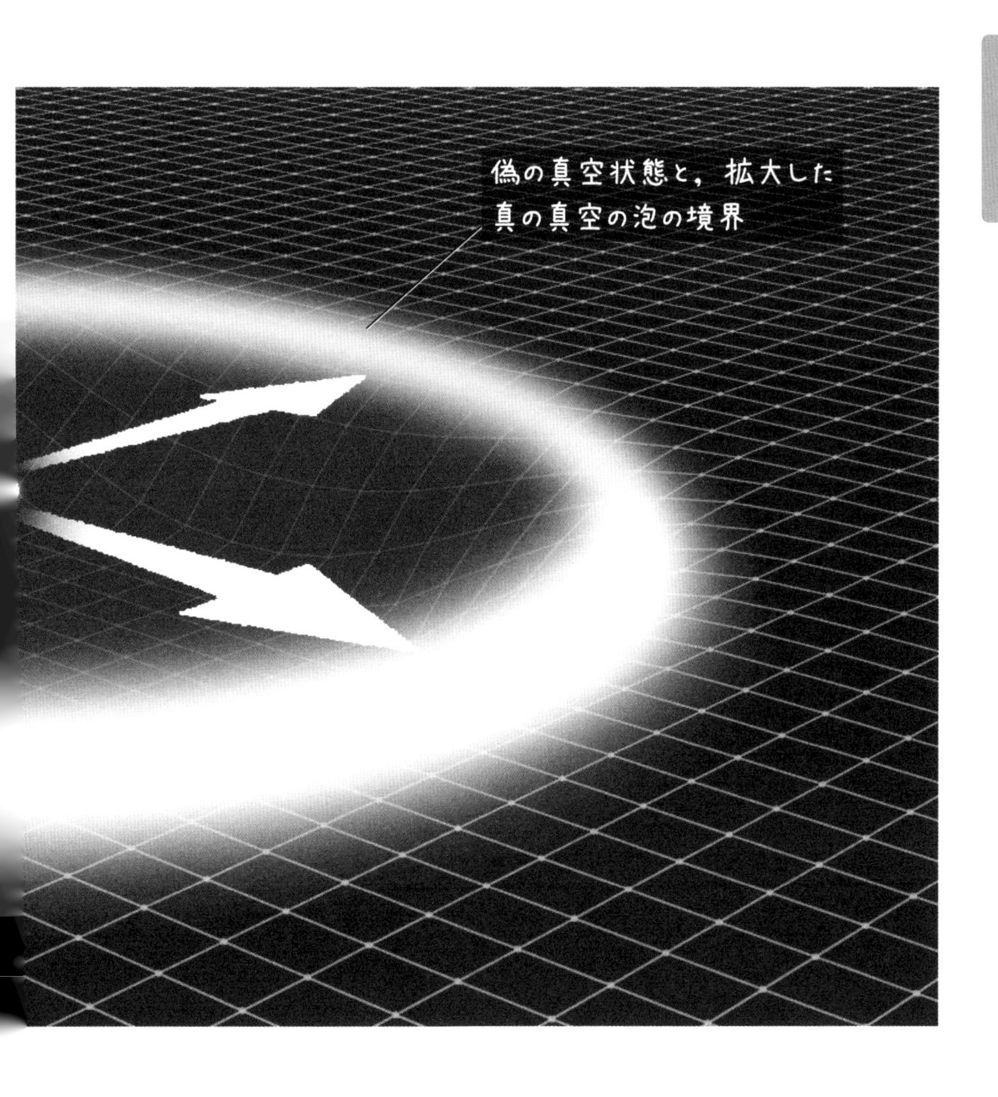
偽の真空状態と，拡大した
真の真空の泡の境界

“真の真空の泡”の大きさは陽子よりも小さい?

でも，トンネル効果によって“真の真空の泡”が発生しようとしても，実際にはある程度の大きさ以上のものしか発生しません。

どういうことですか？

先にもお話ししましたが，真空崩壊は，真空の状態が，現在よりもエネルギーの低い状態に変化する**相転移**という現象です。真空崩壊した領域は，たしかにエネルギーが低いのですが，ことなる真空との境界は，非常に高いエネルギーをもつことになります。
そのため，はじめにトンネル効果によって真空崩壊した領域が小さすぎると，「真空崩壊によるエネルギーの低下」より，「真空の境界が生じることによるエネルギーの増加」の方が大きくなってしまうことがあるのです。

真空崩壊の泡が小さすぎると，大きくなることができないかもしれないんですね。真空崩壊が広がるには，最初にどれくらいの大きさが必要なんでしょうか？

特定の理論にもとづいた概算ですが，真空崩壊が発生して拡大していくには，「陽子よりも10桁程度小さい真空崩壊の泡が発生する必要がある」と考えられています。
陽子の半径は，1ミリメートルの1兆分の1程度にしかすぎません。

ええ～？　1ミリメートルの1兆分の1の，それよりも10桁小さいサイズだなんて，ないも同然じゃないですか。
それが，拡大していく“真の真空の泡“の最低限度の大きさというわけですか？

そうです。
小さいでしょう。

先生，そんなほぼほぼゼロに等しいくらいのちっちゃなちっちゃな泡がですよ，どんどん大きくなって宇宙を飲み込んでしまう可能性って，正直あるんですか？

それそれ！　気になりますよね。
素粒子物理学の基本的な理論（標準理論）をもとに計算すると，**人間が観測できる範囲の宇宙で真空崩壊が発生し，その後，宇宙が飲み込まれてしまう確率は，10^{554}億年に1度程度だといいます。**

えーっと。
10×10×……を554回くりかえす億年ですか。はるかな未来というより，ほぼほぼおきない，と考えてもよさそうですが……。

そうかもしれませんね。
もちろん，大きい誤差もありますが，現在の宇宙の年齢が約138億年ということからすると，この宇宙がすぐに“真の真空の泡”に飲み込まれてしまうことはなさそうです。

よかった～！

逆に考えると，「陽子よりも10桁小さいサイズ」よりも小さなサイズの真空崩壊は，実は何度も発生と消滅をくりかえしているかもしれません。

なるほど。
たしかに，そういう考え方もできますね。

しかし，標準理論は宇宙でおきうるすべての現象を説明できる理論ではありません。ということは，将来，標準理論をこえる，素粒子物理学の新しい理論が確立されていけば，10^{554}億年に1度程度という，“真の真空”が宇宙を飲み込んでしまう確率の見積もりは，大きく修正される可能性が高いといえます。

極小のブラックホールが真空崩壊の種？

今後変わるかもしれないとはいえ，“真の真空の泡”が宇宙を飲み込んでしまう確率が10^{554}億年に1回ぐらいなら，まあ安心じゃないですか。

ところが，現状の理論でも，宇宙を飲み込んでしまうような“真の真空の泡”が発生する確率が，状況によって大きく変わる可能性があります。

えっ!? そんなの聞いてないです！
だとしたら，やはり今すぐにでもおこってしまうかもしれないってことですか？　一体どっちなんですか～！

まあ落ち着いてください。
あくまで，「10^{554}億年に1度」という数字が変わるかもしれないということです。
その根拠となる一つの例として，超高密度で巨大な重力源として知られるブラックホールの存在があります。
というのは，ブラックホールの周囲では，真空崩壊が発生しやすくなると考えられているのです。

どうしてなんでしょう？

アインシュタインが唱えた一般相対性理論によると，「重力」とは「空間のゆがみ」によって生じる力です。つまり，巨大な重力源であるブラックホールの周辺では，空間が大きくゆがんでいるのです。

なぜ，空間がゆがんでいるブラックホールの周辺で“真の真空の泡”が生まれやすいんですか？

たとえば，グラスに炭酸水を注ぐとします。そのとき，泡がたくさん出ますよね。真空崩壊は，グラスに注いだ炭酸の“泡”のようなものだと考えるのです。

といいますと。

泡は，グラスの側面ではなく，グラスの底面からわきでるように発生しますよね。これは，グラスの側面のように平らな場所よりも，底面のように湾曲したり，角があったり，ゆがんでいる場所の方が，泡が発生しやすいためです。実は，真空崩壊も平らな空間より，ゆがんだ空間の周辺で発生しやすいと考えられているのです。

そうなんですか！
じゃあ，宇宙にあるブラックホールのすべてには，“真の真空の泡”が生まれる可能性があるということですか？

真空崩壊の「種」になるようなブラックホールは**原始ブラックホール**とよばれるものです。
原始ブラックホールとは，宇宙が誕生したばかりのころに形成されたと考えられている極小のブラックホールのことをいいます。
原始ブラックホールは，**ホーキング放射**とよばれる熱の放射によって徐々に小さくなり，最後には蒸発してしまうと考えられています。

そういえば，はるかな未来にブラックホールは蒸発するとおっしゃっていましたね。

はい。
ところが最近の研究では，原始ブラックホールを核として，“真の真空の泡”が生じた場合，ブラックホールがホーキング放射で蒸発してしまうより早く，“真の真空の泡”が宇宙に広がってしまう可能性があるというのです。

むむむ!?
だとすると，原始ブラックホールの数だけ，真空崩壊をおこすかもしれない“真の真空の泡”が誕生するかもしれないということですか。
そうだとすると，やっぱり油断ならないですね！

まあでも，そもそも原始ブラックホールが本当に存在するのか，仮に存在したとしても，原始ブラックホールが宇宙にどの程度存在するのかはわかっていないのですがね。

なんだ，そうなんですか？

そのため，どの程度の頻度で原始ブラックホールを核とした真空崩壊によって宇宙が飲み込まれてしまうのかは，正確には予測できないのです。これらのことは，既存の理論にもとづいた予測なのです。

真空崩壊で世界はばらばらになる

先生，真空崩壊がおきると，原子がばらばらになるというお話でしたけど……。
最後にお聞きしますが，もし“真の真空の泡”に飲み込まれたら，私たちがいる世界は，一体どうなってしまうのですか？

私たちの宇宙は，真空という“土台”の上に乗ったさまざまな粒子によって成り立っています。
しかし，真空崩壊がおきると，その“土台”となる真空の性質が劇的に変わってしまうことになります。

「偽の真空」という土台が，「真の真空」に変わってしまうわけですね。

そうです。それがどういうことかというと，「ヒッグス場の性質が劇的に変わる」ということです。

ヒッグス場って，236ページでお話がありましたね。真空中を埋め尽くす“**水あめ**”みたいなものでしたね。ヒッグス場がまとわりつくおかげで，粒子の移動するスピードが遅くさせられていると。

そうです。おさらいになりますが，「ヒッグス場」は，物質に質量をあたえるはたらきがあります。つまり質量とは「ヒッグス場から受ける抵抗による動きにくさ」といえます。

ヒッグス場の抵抗を受けやすい素粒子＝質量が大きくて重いんでしたよね。

そうですそうです。
そして，真空崩壊が発生すると，このヒッグス場の性質が変わってしまうわけなんですね。具体的にいうと，**真空崩壊によって，ヒッグス場の値は，現在の約10^{16}倍にもなるかもしれません。**

わ〜！
水あめが超超超高濃度になってしまう感じですか!?

その通りです。
ヒッグス場が濃くなる＝抵抗がとんでもなく高くなるということです。
そうなると，この世界に存在する，質量をもつあらゆる素粒子は，ヒッグス場の非常に強い抵抗を受ける＝素粒子の質量がとてつもなく重くなり，それまでと同じように動けなくなるということです。

なるほど。

私たちの体をはじめ，あらゆる物質は基本的に無数の「原子」が組み合わさってできています。原子は，陽子や中性子からなる原子核を中心にして，周囲を電子でおおわれていますよね。

はい。

そして，中心にある陽子や中性子は，おのおのさらに異なる素粒子が結びつけられて，その形を保っています。ヒッグス場の値が極端に大きくなった世界では，これらの素粒子の質量が増加してしまうため，電子が原子核の周囲に正常に分布できなくなってしまいます。

ああ～！

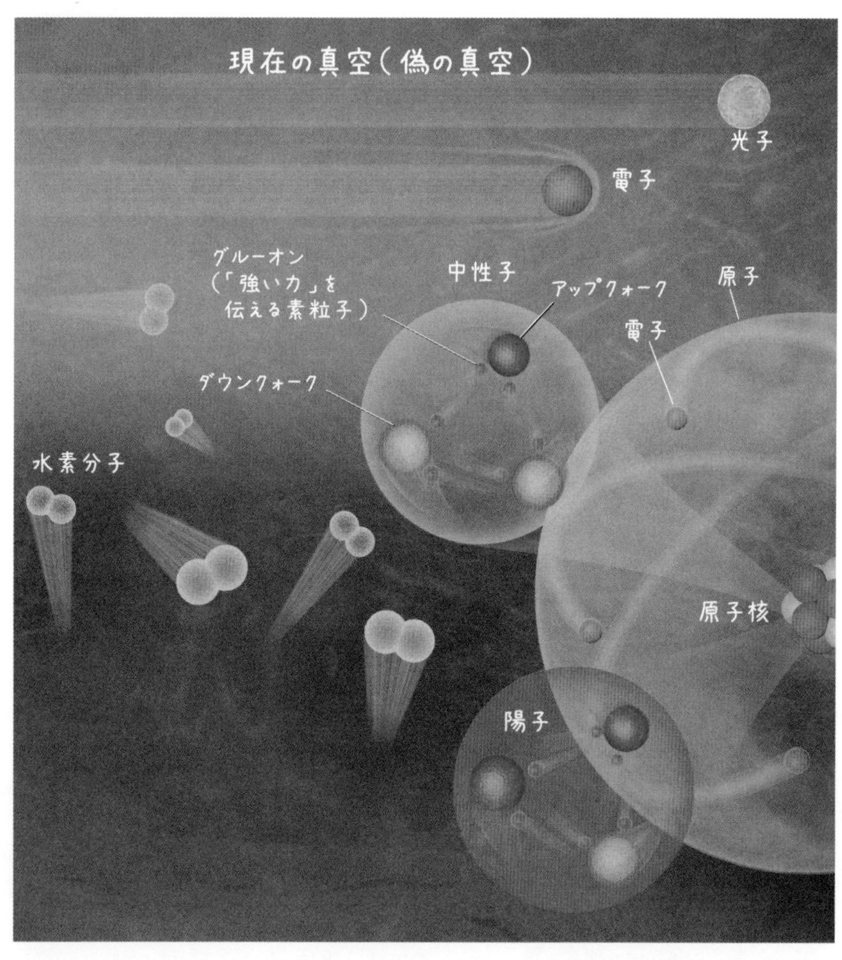

つまり，原子核が形を保てなくなってなくなってしまえば，原子も形をなすことができなくなり，原子レベルであらゆる構造がばらばらになってしまうかもしれないわけです。

原子がバラバラになるって，そういうことですか……。

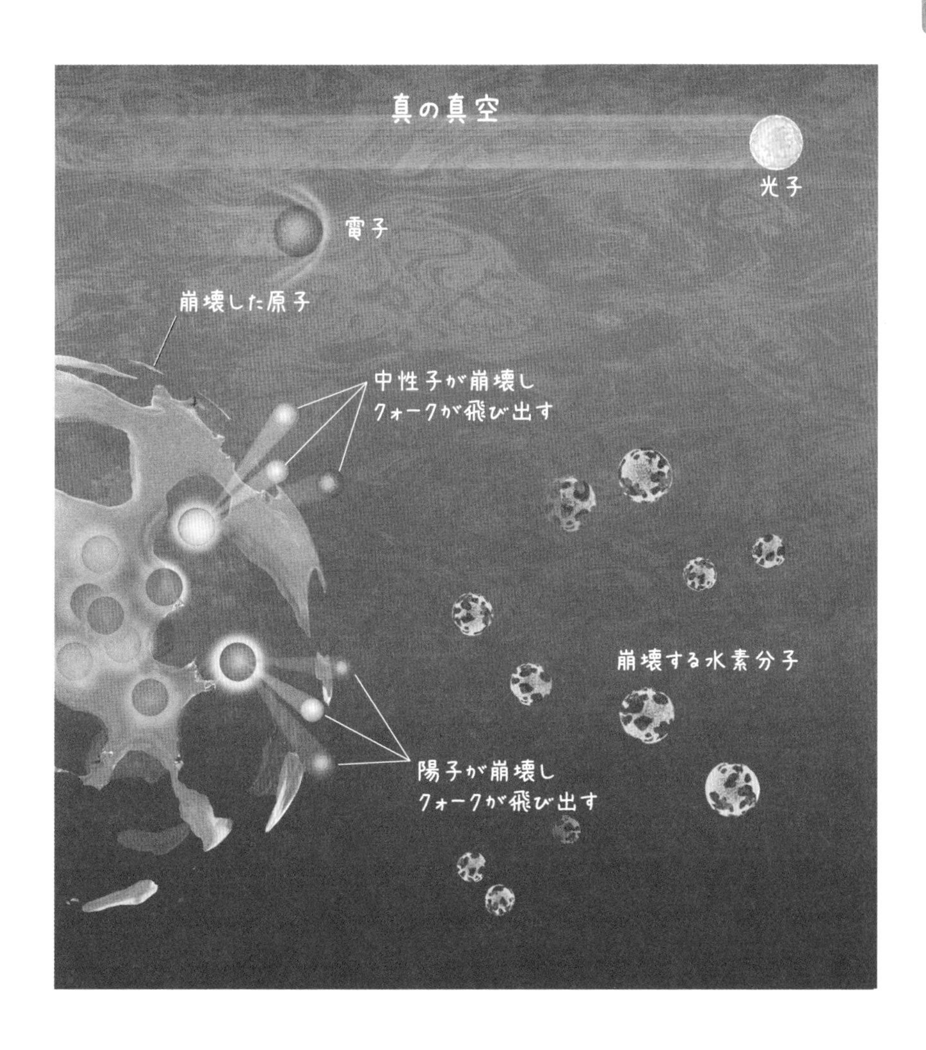

真空崩壊はすでにおきているのかもしれない

誕生したばかりのころの宇宙は，非常に高温・高密度で，あらゆる素粒子が入り乱れた状態だったと考えられています。ですから，ヒッグス粒子も，宇宙の誕生直後は今とはまったく別の性質をもっていた可能性があります。

沸騰している鍋みたいですね。

いいたとえですね。
しかしその“鍋”は，誕生直後，一瞬で急膨張し，一気に冷えていきました。そしてこのとき，「真空の相転移」がおきたと考えられているのです。素粒子物理学では，この相転移のことを**電弱相転移**とよんでいます。

すでに真空の相転移がおきていた!?

はい。この相転移によって，ヒッグス粒子を含めたさまざまな素粒子が，現在の質量をもつようになったと考えられているのです。

ということは，私たちの宇宙が誕生したときに，「真空崩壊」がおこったかもしれないということですか!?

でも，そう簡単にはいかないんです。真空崩壊がおこる場合，トンネル効果によってこれまでの宇宙とはまったく性質がちがう宇宙空間が突然，あらわれることになります。

はい。

しかし，宇宙初期に発生した真空の相転移は，少しずつ，連続的に真空の状態が変化していき，そして現在の姿に落ち着いた可能性が高いと考えられています。このような穏やかな変化は，実は真空崩壊とはいいません。

な，なるほど。

その一方で，真空の相転移が真空崩壊だった場合，現在の宇宙に存在する物質の量をうまく説明できるという考えもあるのです。

もし宇宙初期の真空の相転移が真空崩壊だったとしたら，実は私たちの宇宙は，すでに真空崩壊を経験していたということになりますね。どっちなんでしょう？

実際，素粒子物理学者の間では，宇宙の誕生初期に発生した真空の相転移が，穏やかな変化だったのか，それとも急激な変化，つまり真空崩壊だったのか，現在も議論が続いているのです。

STEP 3

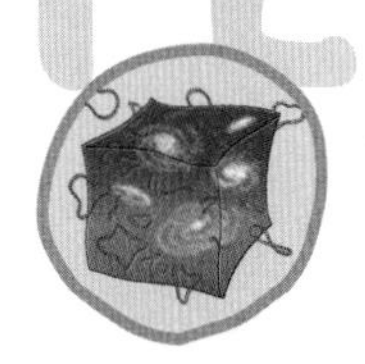

宇宙の終わりを占う最新研究

宇宙の終わりを正確に予想するには，新しい理論の構築が不可欠です。現代の最も有力な物理理論である「超ひも理論」は，宇宙の終焉をどのようにえがきだすのでしょうか。

宇宙の誕生と終わりを解き明かすための究極理論

いろいろな宇宙の終わりを見てきました。でもまだ，「本当のところはわからない」状況なのですよね。

そうです。現在の物理学ではどうしても限界があるのです。だからこそ，新たな理論を打ち立てようと，物理学者たちは日々努力しているのです。

この本での宇宙の旅もそろそろ終わりに近づいてきました。最後に，今どのような新しい理論が生まれているのかをご紹介しましょう。
最新の研究を知ることは，宇宙を理解するうえでの出発点になりますからね。

お願いします！

まず，現代の物理学とはどういうものなのかをお話ししましょう。現代物理学は，**相対性理論**と**量子論**という2大理論を土台にしています。
これらは1時間目でも触れていますから，おさらいになりますが，一般相対性理論は「重力と時空（時間と空間を一体と考える）の理論」で，主に**「マクロな（巨視的な）世界をあつかう理論」**だといえます。

アインシュタインがつくった理論ですね。

その通りです。一方で，量子論とは，原子や，それ以上分割できない粒子である素粒子のような，**「原子のようなミクロな物質のふるまいなどを説明するための理論」**でしたね。

はい。マクロな世界は相対性理論，ミクロな世界は量子論が受け持っているわけですね。

おおむねそうです。
そして物理学者たちは今，この2大理論を“融合”した，新たな理論を完成させたいと考えているのです。

マクロとミクロを，合体!?

はい。それが**量子重力理論**です。
まだ未完成の理論なので，仮にこの名称でよばれています。理論の完成への道のりは非常にけわしく，数十年にもわたる研究を経ても，いまだ完成にはいたっていません。

何十年もですか……。気が遠くなりそうです。
やっぱり，どうしてもこの新理論は必要なのですよね？

そうなんです。
まず，量子重力理論が有効なのは，宇宙のはじまりやブラックホールの中など，**ミクロな時空**を考える必要がある場合です。

一般相対性理論と量子論の両方が必要になるミクロな時空

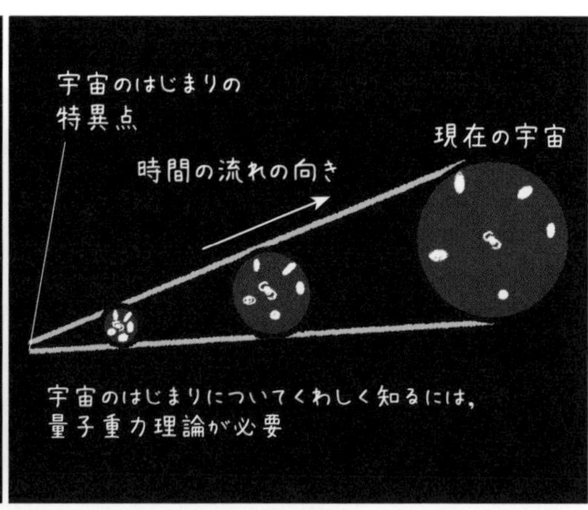

ブラックホールの中心にある「特異点」は，一般相対性理論で考えると「ゼロ」になって破綻してしまうから，「量子論」を使って考えるということでしたよね。

そうです。
「量子論」の非常に重要な結論の一つに，**「ミクロな世界では，すべてがゆらぐ」**ということがあります。75 ～ 77ページでお話しした「真空のゆらぎ」も，この量子論の効果によるものです。

ゆらぎですか。

ミクロな視点で見ると，物体や時空（時間と空間）は，はげしくゆらいでいます。これを不確定性原理とよびます。たとえば，電子のような素粒子の場合，同じ場所にとどめておくことはできません。電子の位置や速度（正確には運動量）はつねに“ゆらいで”いるのです。

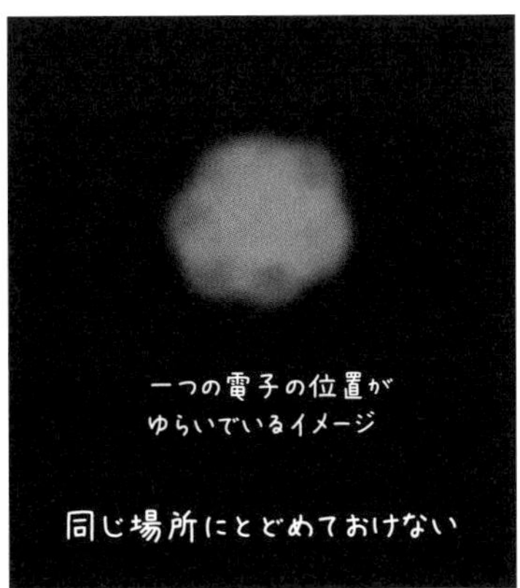

不思議ですねぇ……。
これまでの常識では想像もできない世界です。

また，ミクロな時空は，原子核よりはるかに小さな領域では，激しく“でこぼこ”しています。

でこぼこ!?

はい。“時空のでこぼこ”とは，空間が激しく曲がり，その曲がり方や時間の進み方が場所によって，時刻によって激しくゆれ動いている，という意味です。
つまりミクロな世界では，不確定性原理によって，時空すらもゆらいでしまい，平らなままではいられないのです。

どんどんどんどん視点を小さくしていくと，普通では見えない現象が見えてくるわけですね。

このような極端にでこぼこした時空では，一般相対性理論が役に立たなくなります。
そのため，単に量子論と一般相対性理論の両方を使って，ミクロな時空について何かの計算をしようとすると，意味のない答が出てきてしまうのです。

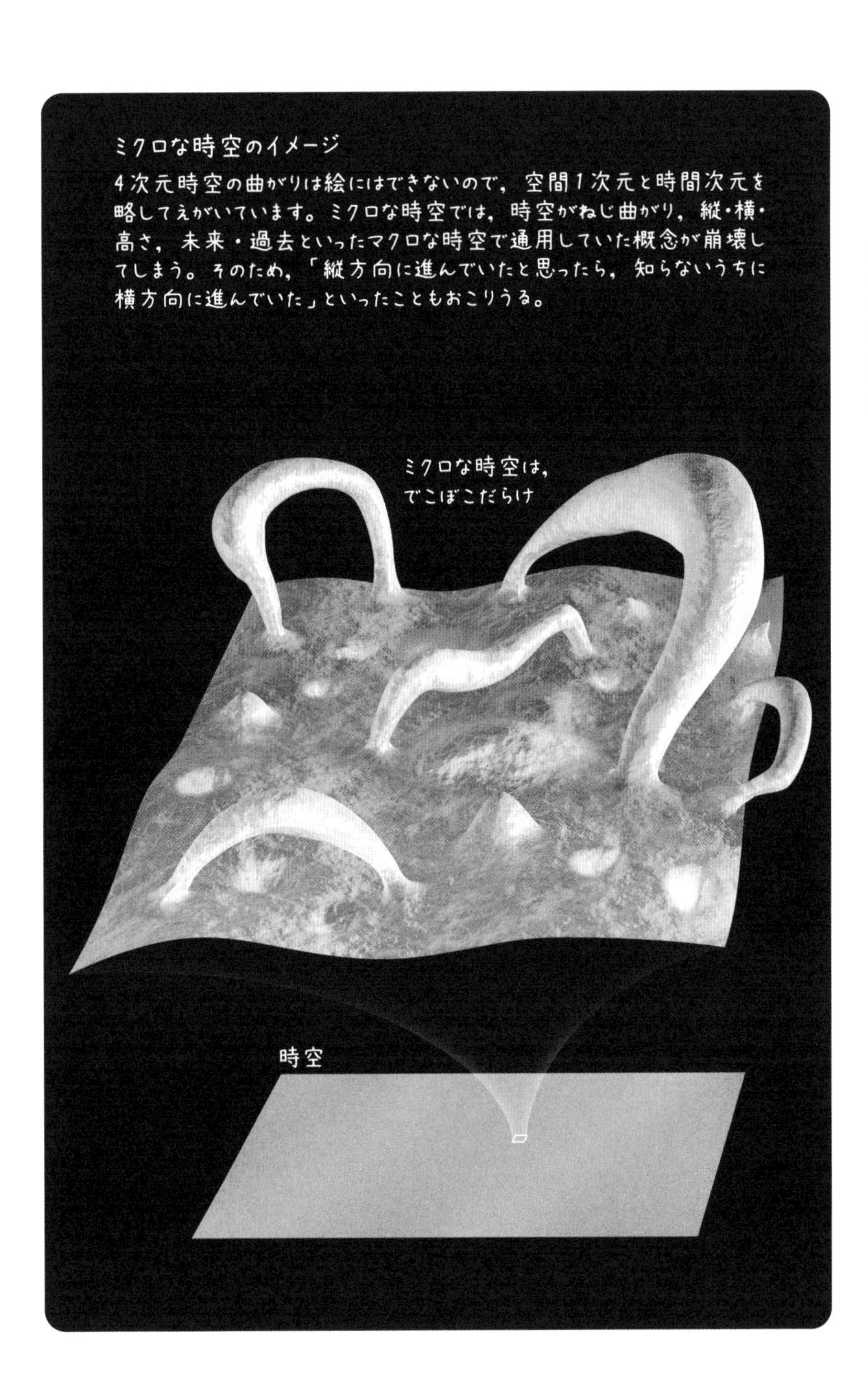
ミクロな時空のイメージ
4次元時空の曲がりは絵にはできないので，空間1次元と時間次元を略してえがいています。ミクロな時空では，時空がねじ曲がり，縦・横・高さ，未来・過去といったマクロな時空で通用していた概念が崩壊してしまう。そのため，「縦方向に進んでいたと思ったら，知らないうちに横方向に進んでいた」といったこともおこりうる。
ミクロな時空は，でこぼこだらけ
時空

意味のない答え？

「重力の強さが無限大になる」とか，「ブラックホールの特異点では，大きさがゼロで密度が無限大になる」という結論が導かれてしまうのです。
このように，ミクロな時空について理解するには，一般相対性理論と量子論を別個に用いるのではなく，これらを融合した量子重力理論が必要になってくる，というわけなんです。

ああ，なるほど。

未完成の量子重力理論には，いくつかの候補があり，その中で有力と考えられているのが，**超ひも理論（super string theory）**とよばれているものです。

超ひも理論は，1時間目でも少し出てきましたね。「ひも」だなんて，変わった名前なので気になっていました。どんな理論なんですか？

超ひも理論は「超弦（ちょうげん）理論」ともいわれているもので，素粒子を「ひも」として考える理論です。
素粒子とは，それ以上細かく分割できないと考えられている自然界の最小単位です。よく知られている素粒子には，「電子」がありますね。ほかにも，光の素粒子である「光子」や，原子核をかたちづくっている「クォーク」など，現在17種類の素粒子が発見されています。また，未発見の素粒子もまだたくさんあると考えられています。

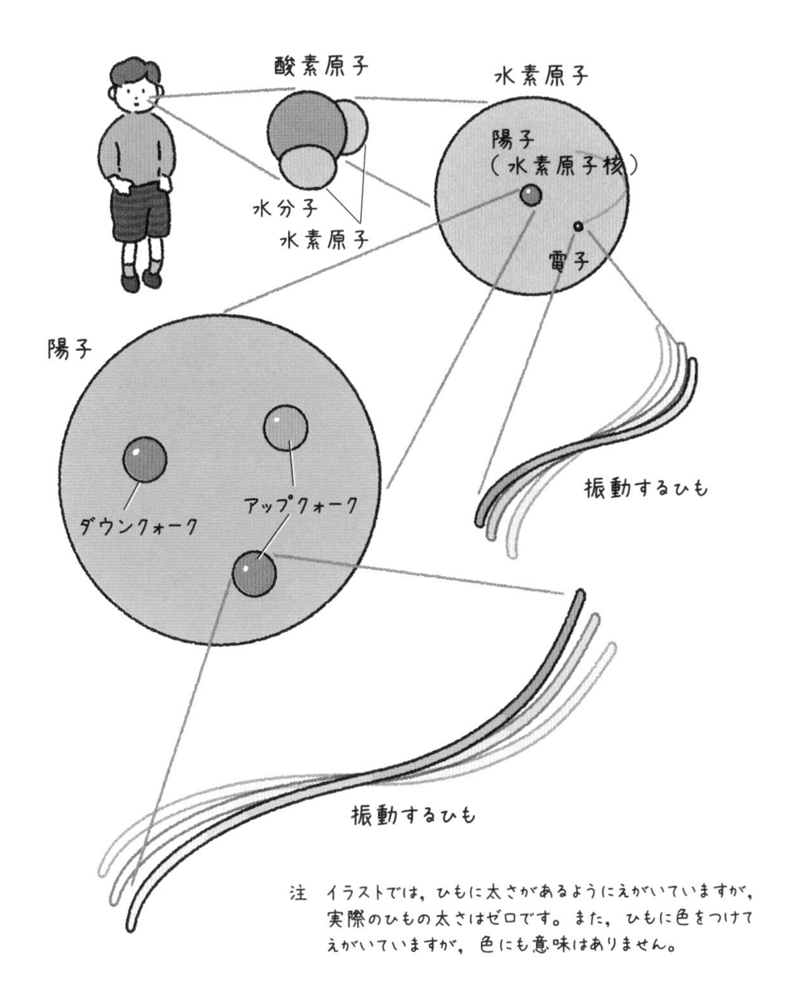

しかし，**超ひも理論では，どの素粒子を拡大しても，その正体は「ひも」だと考えるのです。**

素粒子が，ひも？
いろんな種類のつぶじゃなくて？

そうです。
従来の物理学では，素粒子を大きさゼロの「点」としてあつかってきました。**しかし超ひも理論では，素粒子は長さ10^{-35}メートル程度（理論モデルによって長さはことなります）の，ひもだと考えるのです。**
ちなみに原子核が10^{-14}メートルぐらいですから，ひもは圧倒的に小さく，どんな高性能な顕微鏡でも，見ることはできません。

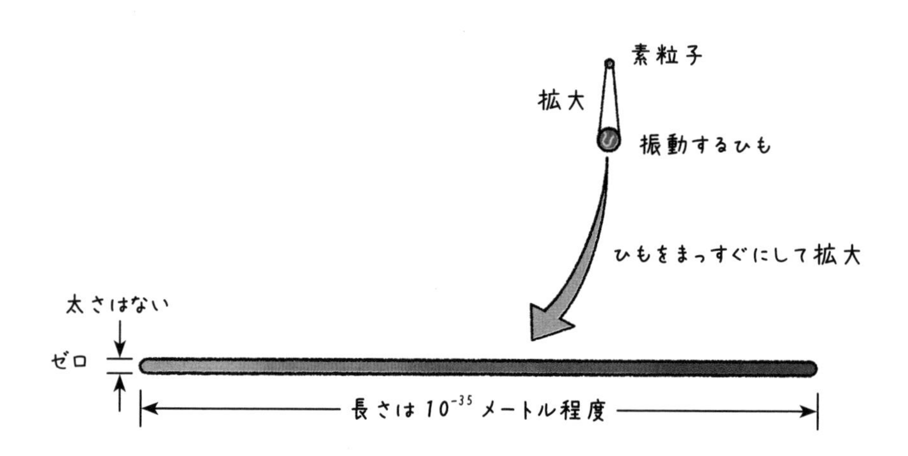

10^{-35}メートル程度の，見えないひも～!?

どう頭をひねっても，イメージが浮かびません！
一体どんなものなんですか？

たとえばバイオリンのような弦楽器は，数本の弦にいろいろな振動をおこすことで，無数の音色をつくりだしますよね。超ひも理論もこれに似ています。すべての素粒子は一種のひもでできていて，その極小のひもがさまざまに振動すると，私たちには，その振動のちがいが素粒子のちがい，つまり質量や電荷などのちがいとして見える，と考えるのです。

なるほど……。
ひもの振動のバリエーションが，素粒子の性質のちがいとしてあらわれてくるということですか。

そういうことです。
素粒子の中には，物質を構成するもののほかに，力を伝えるはたらきをするものもあります。超ひも理論では，力を伝える素粒子も物質をつくる素粒子と同じ種類のひもだと考えます。なお，重力を伝えると考えられている**重力子**という素粒子だけは，少し特別です。ほかの素粒子が端の開いたひもであるのに対し，重力子は閉じたひも（輪っか状のひも）だと考えられています。
そして，**超ひも理論では，素粒子どうしがぶつかったり，力をおよぼし合ったり，崩壊（素粒子が複数の別種の素粒子に変わること）したりといったあらゆる現象を，ひもどうしの衝突・合体・分離などで説明します。**この理論が完成すれば，自然界のあらゆる現象を解き明かすことができる，**究極の理論**になると考えられているのです。

自然界は，“ひも”に支配されている……。この理論が，量子重力理論の最有力候補というわけなんですね？

そうです。
先ほどお話ししたように，量子論は，現代物理学の土台となる理論の一つです。でも実は，量子論は重力をうまくあつかうことができないのです。
一方，一般相対性理論は，重力についての理論です。しかし，一般相対性理論では，ミクロな世界をあつかうことができません。
そこで，**素粒子をひもと考え，さらに重力を閉じたひもとしてあつかうことで，量子論と一般相対性理論を統合しようとするのが超ひも理論なのです。**

超ひも理論を使うと，どんなことが解明されるようになるんですか？

たくさんの物質が，ごく小さなミクロな領域にぎゅうぎゅうに詰め込まれた状態について考えることができるようになります。たとえば，ブラックホールの中心部についてなどです。

ものすごい重力で，何もかもを飲み込むんですよね！

そうです。さらには，宇宙創生の瞬間についてもせまることができるかもしれません。
２時間目でお話ししたように，宇宙は膨張を続けていて，さかのぼっていくと，宇宙はどんどん小さくなり，宇宙のはじまりは，あらゆる物質がごく小さな領域に押し込められていたと考えられるのです。

宇宙のはじまりがわかるかもしれないんですね！

さまざまな説がありますが，超ひも理論が完成すれば，宇宙のはじまりだけではなく，宇宙の終わりについても含めた，あらゆる謎が解き明かされると期待されているのです。

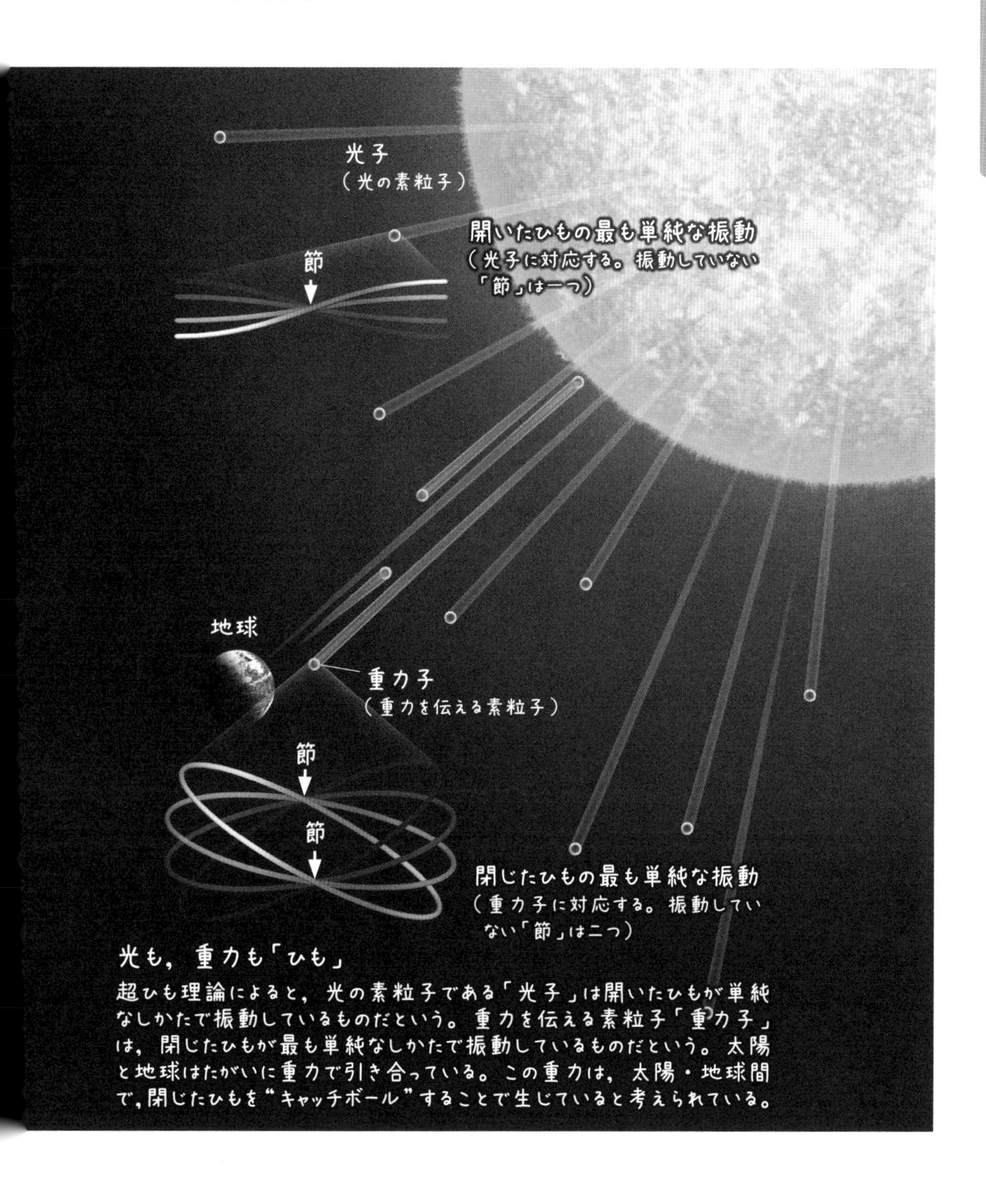

光も，重力も「ひも」

超ひも理論によると，光の素粒子である「光子」は開いたひもが単純なしかたで振動しているものだという。重力を伝える素粒子「重力子」は，閉じたひもが最も単純なしかたで振動しているものだという。太陽と地球はたがいに重力で引き合っている。この重力は，太陽・地球間で，閉じたひもを“キャッチボール”することで生じていると考えられている。

私たちの宇宙は，膜の衝突ではじまった!?

先生，超ひも理論ってすごい理論なんですね！

そうなんですよ。まだまだ完成には至っていませんがね。ここで一つ，超ひも理論から導きだされる宇宙の姿や，宇宙の終わりについてご紹介しましょう。

一体どんな世界なんでしょう！

まず一つは**ブレーンワールド仮説**です。
ブレーンとは「膜」を意味します。ブレーンワールド仮説では，私たちの宇宙は高次元の空間に浮かぶ膜のようなものだとされます。このような膜をブレーンといいます。

宇宙が，膜!?
突然SFチックになりましたね！

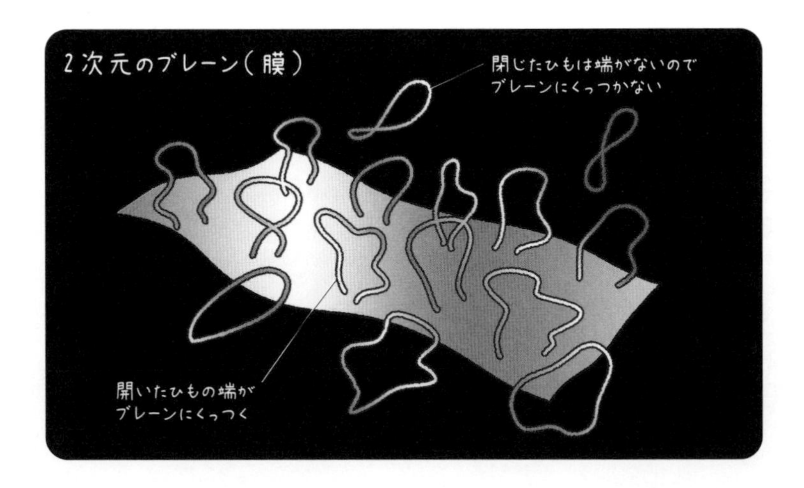

一般的に膜というと平面なので2次元ですが，ブレーン（膜）には3次元のものもあります。そしてブレーンワールド仮説では，私たちの暮らすこの宇宙が，3次元のブレーンだと考えるのです。

私たちの宇宙が膜!?

そうです。また，ブレーンにはある重要な性質があります。それは，素粒子のひもの端がくっつくということです。ブレーンにくっついたひも（素粒子）が，私たちをはじめとした，この宇宙にあるさまざまな物質をつくっているのです（ただし，重力子だけは端がないと考えられているため，ブレーンにはくっつきません）。

私たちは膜にくっついているんですか!?
じゃあ，膜の外側ってどうなっているんでしょうか？
望遠鏡で見ることはできないんですか？

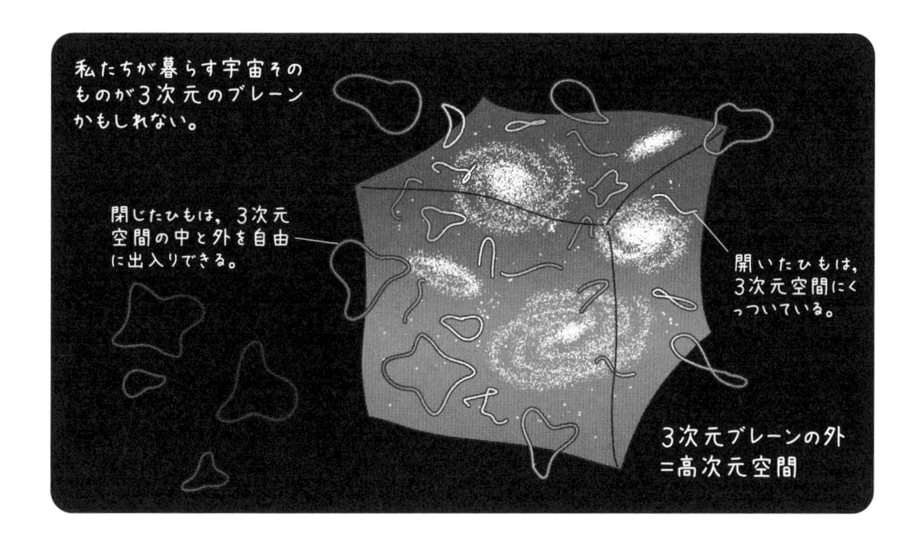

ブレーンワールド仮説では，あらゆる物質や光がブレーン（膜）からはなれられないから，ブレーンの外の世界（高次元空間）の存在に私たちが気づくことはできません。

私たちは，高次元空間に浮かんだ膜の上にいて，ひも（素粒子）がそこからはなれられないから，外の世界を知ることができない，ということですか？

その通りです。さらに高次元空間には，私たちがいるブレーンのほかにも，いくつものブレーンがただよっているかもしれないのです。

まって，整理させてください。
ええと，宇宙は膜状で，しかもそれがいくつもあるなんて，世界観が斬新すぎます～！

さて，このブレーンワールド仮説にもとづいて，宇宙の誕生と終焉についての変わったモデルが提案されているので紹介しましょう。2001年，アメリカの物理学者**ポール・スタインハート博士**（1952～）と南アフリカの物理学者**ニール・テュロック博士**（1958～）たちは，引き合ったブレーンどうしの衝突によって，私たちの宇宙が誕生したと考える**エキピロティック宇宙モデル**を発表しました。

えきぴろてぃっく？

エキピロティックとは，ギリシア語で“大火”という意味です。相対性理論によれば，エネルギーは物質の質量に転換できます。エキピロティック宇宙論では，2枚のブレーンが衝突すると，その衝突のエネルギーが光や物質に転換され，それによって，素粒子に満ちた，高温高密度の灼熱状態になるといいます。
そしてこれが，私たちの宇宙のはじまりとされるビッグバン（高温・高密度の火の玉宇宙）だと考えられるのです。**つまり，私たちの宇宙の誕生をもたらしたのは，ブレーンどうしの衝突だというのです。**

膜どうしが衝突して，宇宙がはじまったと……。

宇宙誕生のあと，ブレーンどうしはいったんはなれます。しかし，遠い将来ふたたび衝突をおこすと考えられています。**このモデルでは，宇宙の生涯は無限の過去と無限の未来の中で永遠にくりかえされるので，終わりもはじまりもないと主張しています。**

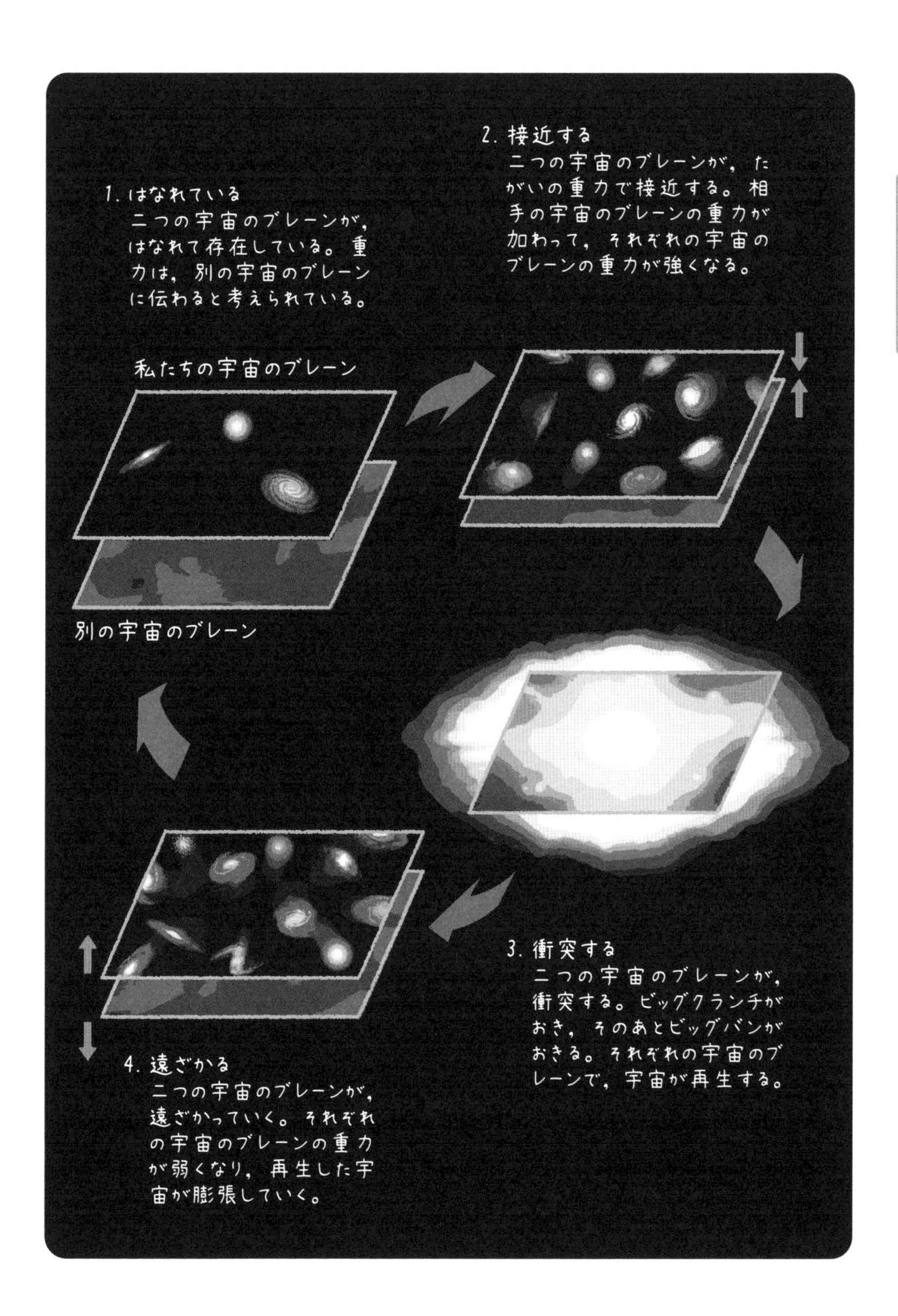
1. はなれている
二つの宇宙のブレーンが，はなれて存在している。重力は，別の宇宙のブレーンに伝わると考えられている。
2. 接近する
二つの宇宙のブレーンが，たがいの重力で接近する。相手の宇宙のブレーンの重力が加わって，それぞれの宇宙のブレーンの重力が強くなる。
私たちの宇宙のブレーン
別の宇宙のブレーン
3. 衝突する
二つの宇宙のブレーンが，衝突する。ビッグクランチがおき，そのあとビッグバンがおきる。それぞれの宇宙のブレーンで，宇宙が再生する。
4. 遠ざかる
二つの宇宙のブレーンが，遠ざかっていく。それぞれの宇宙のブレーンの重力が弱くなり，再生した宇宙が膨張していく。

陽子は本当に崩壊するのか?

2時間目に，「はるかな未来には，最も安定した素粒子である陽子も崩壊し，“原子の死”が訪れる」とお話ししたことをおぼえていますか？

もちろんです。ショッキングでしたもん。
でも，本当に陽子が崩壊するかどうかはわからないんですよね？

陽子崩壊が本当におきるのかどうかによって，遠い未来にブラックホール以外の天体が，消えてなくなるのかどうかが変わってきます。ですから，陽子崩壊は非常に重要な問題なのです。
実は，それをたしかめようとする**プロジェクト**が進められているんです。

ええっ？　極秘任務的なものですか!?

ハハハ！　極秘ではありません。
陽子崩壊を検出するための巨大実験装置が，岐阜県神岡鉱山の地下にあります。それが，**カミオカンデ**と**スーパーカミオカンデ**です。

ニュースで見たことがあります！
面白い名前だから，おぼえていたんです。

カミオカンデは，4500トンの水を巨大タンクにたくわえ，**水分子に含まれる陽子が崩壊するときに出る光をとらえる実験装置です。** 実験は，1983年から行われていました。1996年からは水の量を約5万トンに増やしたスーパーカミオカンデに実験が引きつがれ，現在も続いています。でも，陽子崩壊が検出されたことはまだ一度もありません。

約40年間の間，まだ一度も検出されないとは……。

このことから，陽子の寿命（陽子の数が元の約2.7分の1に減るまでにかかる時間）は，少なくとも10^{34}年よりは長いだろうと推定されています。
仮に陽子の寿命が10^{34}年だとすると，陽子を10^{34}個集めた場合，毎年1個程度は崩壊することになります。

むむむ。ともかく，陽子をたくさん集めて観測する必要があるのですね。

はい。そこで2020年，さらに約26万トンまで水の量を増やすハイパーカミオカンデ計画の建設がはじまりました。
計画通りに進めば，2027年から実験を開始する予定です。もし，陽子の寿命が10^{35}年より短ければ，ハイパーカミオカンデ実験を20年間続ければ，陽子崩壊を検出できるはずです。

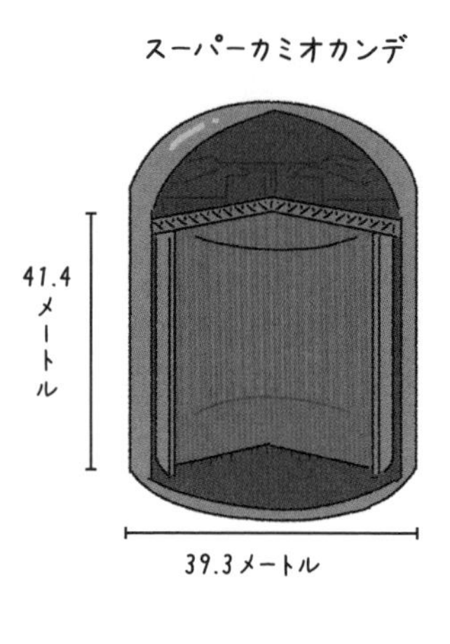

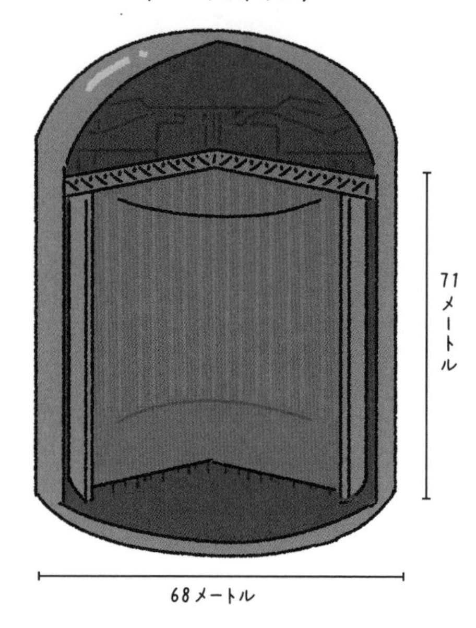

わあ，グッと近づきましたね！
それにしても，すごく長い時間がかかるんですね。宇宙の歴史を考えれば，40年なんて一瞬にも満たない時間かもしれませんが……。
このような，陽子の崩壊を検出する実験は，日本だけがやってるんですか？

陽子崩壊を検出するプロジェクトは海外にもあります。たとえば中国では，2万トンのリニアアルキルベンゼン（LAB）という油を使う実験**JUNO（ジュノー）**が，アメリカでは4万トンの液体アルゴンを使う実験**DUNE（デューン）**が，それぞれ2020年代にはじまる予定となっています。

へぇ〜。まったく知りませんでした。
世界中で，陽子崩壊の実験をしようとしているんですね。

これらの計画の中でも陽子崩壊をとらえる感度が最も高いのはハイパーカミオカンデで，この分野で日本は世界をリードしているといえるでしょう。

すごい！

ダークエネルギーの正体にせまる

もう一つ，宇宙の終わりを考えるうえで重要な謎があります。それは，**ダークエネルギー**です。

宇宙を満たしている，「謎のエネルギー」ですね！

そうです。
3時間目のSTEP1でお話ししたように，ダークエネルギーがどのような性質をもっているのか，すなわち，ダークエネルギーの密度は一定なのか，または時間の進行にともなって変化していくのかによって，宇宙の未来は大きく左右されます。

1998年にダークエネルギーが発見されてから，その正体はいまだに謎なんですもんね……。

そうなんです。
このダークエネルギーの密度の変化は，過去の宇宙がどのように膨張してきたのかを調べればわかるはずだと考えられています。
現在，主に三つの観測方法による観測プロジェクトが進んでおり，宇宙膨張の歴史にせまろうとしています。

面白そうですね。どんな方法なんでしょう。

まず一つ目は，**Ia型超新星爆発の観測**です。
3時間目のSTEP1でお話ししましたが，ざっとおさらいしておきましょう。
Ia型超新星爆発は，ダークエネルギーについての手がかりを得る方法としては最も歴史があります。1998年に，宇宙が加速膨張していることをはじめて明らかにしたのもこの方法でした。

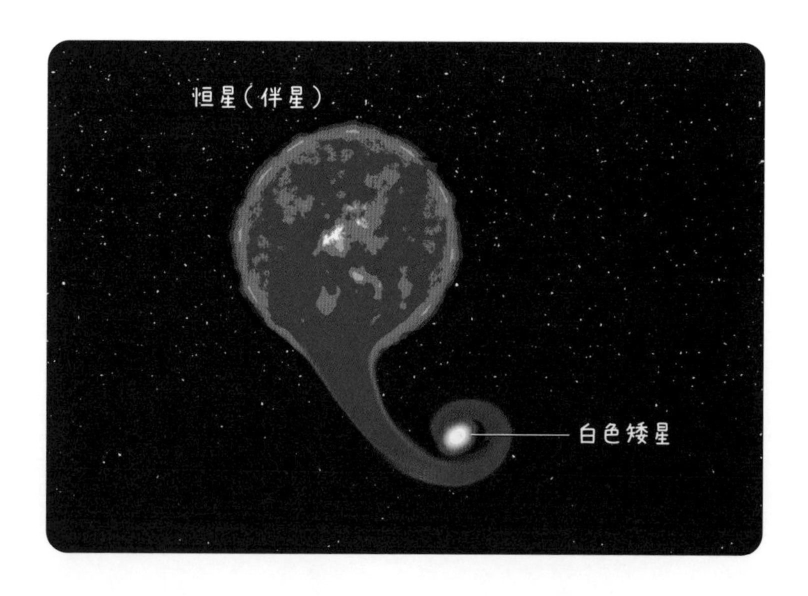

それ以前は，宇宙の膨張の速度は，一般的な物理の法則で考えると，アクセルを踏まない限り，車がだんだん減速してくのと同じで，やがて減速していくと考えられていたんですよね。でも，Ia型超新星爆発を観測したら，むしろ加速していることがわかったんでしたね。

そうです。そして，加速させているものが，ダークエネルギーではないかと考えられたわけです。
189ページでもお話ししましたが，Ia型超新星爆発は，連星の中の白色矮星に多量のガスが降り注いでおこる大爆発です。そこから放たれる「本当の明るさ」がほぼ一定で，なおかつ最も明るくなった時の明るさが明るいほど，その後ゆっくりと暗くなっていくという性質があります。「見かけの明るさ」とその減り具合を観測すれば，「本当の明るさ」を正しく推定できます。また，「見かけの明るさ」の比較によってIa型超新星が属する銀河までの距離を精密に割りだすことができます。

そうでした。
Ia型超新星爆発はたくさんあって，どれも光が強いほどゆっくり暗くなるのでしたよね。

また，光が届くまでには非常に長い時間がかかるため，銀河までの距離が遠いほど，より過去の銀河を見ていることになります。

100億光年先の距離から届いた光は，100憶年前に放たれた光ってことですもんね。

そうです。さらに，天体の運動は，光のドップラー効果を利用して調べることができましたね（44ページ）。
遠くの銀河からやってくる光ほど，宇宙の膨張によって波長が引き伸ばされます。つまり，地球から見える銀河の色を調べれば，銀河が近づいているか，遠ざかっているかがわかるわけです。
波長が短くなる（近づく）ことを青方偏移，波長が長くなる（遠ざかる）ことを赤方偏移といいます。
ですから，赤方偏移を測定すれば，その銀河から光が発せられてから地球に届くまでの間に，宇宙空間がどれくらい膨張したのかを知ることができるわけです。

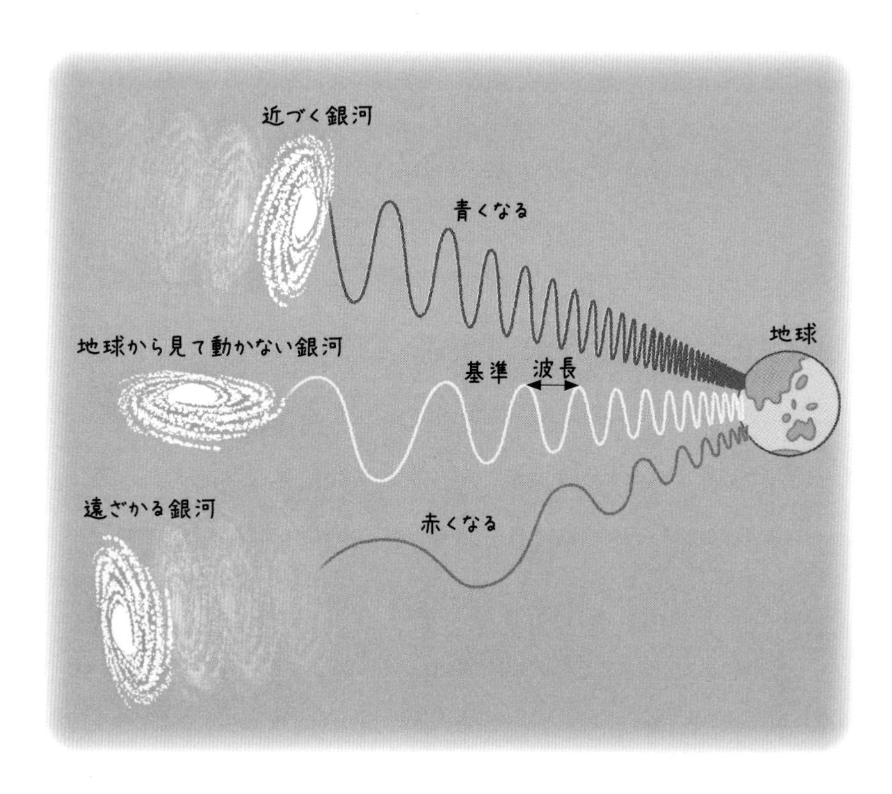

これらのことから，Ia型超新星爆発が出現した銀河をたくさん見つけて，銀河までの距離と赤方偏移を調べれば，宇宙の膨張速度が時間とともにどう変化してきたのかがわかります。こうして，宇宙膨張の歴史，ひいてはダークエネルギーの密度がどう変化してきたのかがわかるというわけです。これが一つ目の観測プロジェクトです。

とにかくたくさんのIa型超新星爆発を見つける必要があるわけですね。

そうです。
ダークエネルギーの性質にせまる二つ目のプロジェクトは，**バリオン音響振動**という現象を観測する方法です。

バイオリン!?　宇宙空間に響き渡るバイオリンの音色なんて素敵ですね！　一体どんなプロジェクトなんでしょう。

バリオンです，バ・リ・オ・ン。
誕生してから数分がたった宇宙は，超高温・超高密度の状態で，光と電子，原子核などが混ざり合った“ごった煮”の状態にあったとお話ししましたね。

ごった煮ですか。

はい。このごった煮状態の中に，領域によってわずかなむらがあったのです。つまり，完全に均一に混ざっていたわけではなかったんですね。たとえば，池に石を投げ入れるとします。もし，池の水面に高低差があったとしたら，広がる波紋の形は，そのむらによって形が変わっていきますよね？

たしかに，そうですね。

それと同じように，この初期宇宙の密度のゆらぎ（＝池の水面の高低差）は，周囲に密度の波紋（＝振動）を引きおこして，それが波として広がっていきます。この現象を，「バリオン音響振動」とよぶのです。そして，こうした密度のゆらぎは，のちに固定され，現在では，銀河の分布のかたよりとして残っていると考えられています。

池の波紋の形が固定されてるみたいな感じですか。
枯山水みたいな……。

まあ，そんな感じですね。
これは見た目ではすぐにわかりませんが，**統計的な解析を行うと，銀河がまわりよりもわずかに多く集まっている領域が，現在の宇宙で見たとき，半径約5億光年に相当する，波紋のような構造としてあらわれます。**

へえぇ……。じゃあ，その波紋みたいになっている部分を探しだそうというわけですか。

でも，その波紋みたいな構造が見つかったとして，それがどう役立つのですか？

この波紋のような構造を宇宙の“ものさし”として使うのです。

ものさし〜？

地球から見た“ものさし”の見かけの長さ（角度）をもとに，その“ものさし”の地球からの距離が見積もれます。次に，調べた距離と，赤方偏移の観測を合わせることで，ダークエネルギーの密度がどう変化してきたのかを知ることができるというわけです。

大体のところしかわかりませんが……。
Ia型超新星爆発のかわりに，波紋の構造を探して，それを基準として用いようというわけですね。

そうですね。とてもむずかしいので，大まかにこんな方法がある，ということがわかればじゅうぶんですよ。
そして三つ目のプロジェクトが，弱い重力レンズ効果とよばれる現象の観測です。

重力レンズ？

はい。**地球と遠くの天体の間に重い天体がある場合，その天体の重力によって，遠くの天体からの光が曲げられて，遠くの天体の像がゆがんで見えたり，いくつにも分かれて見えたりすることがあります。これが重力レンズ効果です。**

重力によって，レンズを通るみたいに，光が曲がるわけですか。

そうです。より重い天体ほど光を大きく曲げるため，像はよりゆがみます。**銀河団**（銀河が100～数千個程度集まったもの）は，「弱い重力レンズ効果」をおこします。そのため，銀河団の向こう側にある銀河を地球から見ると，銀河団の重力によって，遠くの銀河の形がわずかにゆがんで見えるのです。

1．ゆがんでいない時空なら，星からの光はまっすぐ届く

2．途中で時空がゆがんでいると，星の見かけの位置がずれてしまう

見かけ上の星の位置

実際の星

星からの光

太陽

地球

重力レンズ効果は，ダークエネルギーを調べることと，どんな関係があるんですか？

銀河団によって像がゆがんだたくさんの銀河を観測して，それぞれのゆがみぐあいを調べると，重力レンズ効果をおこしている銀河団の**質量**を知ることができるのです。

質量を知ることがなぜ重要なのですか？

さまざまな距離にある銀河団の質量を調べれば，宇宙誕生から現在までの間に，どのように物質が集まり，銀河や銀河団が成長してきたのかがわかります。
そして，この時間変化のしかたは，時代ごとのダークエネルギーの密度によって変わるため，ここからダークエネルギーの性質にせまることができるわけです。

うーん。どれも，すごく大変でむずかしそうな観測ですね。しかも，膨大な数の銀河を観測しないといけないですし……。それだけで気が遠くなってしまいます。

たしかに，これらの三つのプロジェクトは，どの方法でも，さまざまな距離にある銀河を大量に撮影し，それぞれの銀河の光の波長を詳細に調べる必要があります。
そこで，広い範囲を一度に撮影できる望遠鏡や，何千個もの銀河が放つ光を一気に調べることができる観測装置を使った，**大規模サーベイ観測**が世界各国で進められています。

おおっ！
どんなプロジェクトなんでしょう？

その一つに，日本の**SuMIRe（スミレ：Subaru Measurement of Images andRedshifts）プロジェクト**があります。

スミレだなんて，きれいな名前のプロジェクトですね。

SuMIReプロジェクトは，アメリカのハワイにある日本の**すばる望遠鏡**を使い，すばる望遠鏡に搭載されている**超広視野主焦点カメラ HSC**（Hyper Suprime-Cam）を使って10億個以上の銀河を撮影し，さらに新開発の**超広視野多天体分光 PFS**（Prime Focus Spectrograph）を使うことで，100万個以上の銀河の赤方偏移を精密に測定する試みです。

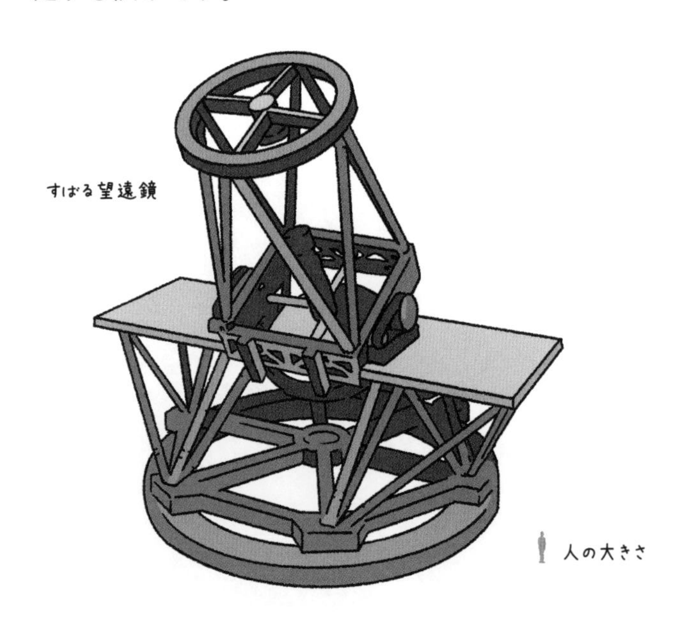

日本の望遠鏡はすごい！

10億個以上を撮影して100万個以上を分析だなんて，とんでもなく高性能ですね！

これまでにダークエネルギーの密度の性質にせまった銀河の大規模サーベイ観測の例としては，アメリカ，アパッチポイント天文台の口径2.5メートル望遠鏡を使った，**SDSS-III BOSS**があります。
この観測では，約65億光年より近い距離にある150万個の銀河を観測しました。

SuMIReプロジェクトとは，どうちがうんですか？

SuMIReプロジェクトでは，約71億〜111億光年先という，さらに遠くの暗い銀河を大量に調べます。
そしてそれほど遠くにある領域，つまり“時代”で，ダークエネルギーの密度がどうなっているのかをはじめて突き止めようとしているのです。

より遠くを調べるプロジェクトなんですね！

はい。HSCを使った撮影は2014年からはじまり，2020年まで行われました。2023年には，PFSを使った大規模測定がはじまる予定です。

まだこれからなんですね！　楽しみですね。
このプロジェクトで，これまでに何かわかったことはあるのですか？

これまでの観測結果によると，ダークエネルギーの密度は時代によらず一定であるという単純なモデルが，最もよく合っているように見えそうです。
しかし，もし，素粒子が微小な「ひも」でできていると考える**超ひも理論**が完成し，正しさが証明されれば，ダークエネルギーの密度は一定ではないはずだ，という予測も成り立ちます。

理論の完成が先か，観測によって謎が解明されるか，という感じなんですね。どちらにしても，この観測で得られるものは**非常に重要な鍵**となるわけですね！

ハワイのマウナケア山山頂にある，
すばる望遠鏡（左）とケック望遠鏡（右）

世界中で加速する宇宙の未来の研究

今述べたダークエネルギーの密度と同じく，宇宙の未来にかかわる値として近年注目されているものに，**ハッブルパラメータ**（正しくはハッブル・ルメートルパラメータ）というものがあります。

ハッブルパラメータ？　ハッブルって，宇宙の膨張の発見に貢献した天文学者ですよね？

そうです。**ハッブルパラメータとは，簡単にいうと，宇宙の各時刻で宇宙がどのような速さで膨張していたかを表す量です。**
このハッブルパラメータのうち，現在の宇宙の膨張速度のことを**ハッブル定数**（ハッブル・ルメートル定数）といい，今まで述べてきたような大規模サーベイ観測からは，ハッブル定数の値も導くことができます。

ポイント！

ハッブル・ルメートルパラメータ
宇宙の各時刻で宇宙がどのような速さで膨張していたかを表す量

ハッブル・ルメートル定数
現在の宇宙の膨張速度

今の宇宙の膨張する速度って，どれくらいなんですか？

大規模サーベイ観測で得られたハッブル定数は，およそ73でした。
これは，**「銀河までの距離が326万光年遠くなるごとに，銀河が遠ざかる速さが秒速73キロメートルずつ増す」という意味です。**近年の観測は精度が高く，誤差は数％しかないと見られています。

そこまで厳密に膨張速度が出ているのですね。

ところが，そうでもないんです。
ビッグバンの残光である「宇宙背景放射」を精密に観測することでも，ハッブル定数を求めることができるのですが，ヨーロッパ宇宙機関（ESA）の天文衛星プランクによる宇宙背景放射の観測から見積もられたハッブル定数は，約67という値だったのです。

あれ？　さっき数字とはちがいますね。
どちらかがまちがっているってこと？

ところがこちらもきわめて精密な観測で，誤差は1％以下しかないとされています。
このように，ことなる観測から得られたハッブル定数がちがう値になっていることがわかったのです。

え〜！　どっちも正確!?　どうしたらいいんだろう。

この不一致は，観測結果が正しいかどうかとはまた別な事実を示唆しているかもしれません。
つまり，**もしかすると，私たちが現在仮定している宇宙モデル自体にまちがいがある可能性があるということです。**もし，私たちがまだ知らない未知の粒子が宇宙に存在すれば，プランクによる観測データから求めた67という値は変わる可能性があります。

ヒョエ〜！
「まだ私たちが知らない何かがある」かもしれないってことですね。だとしたら，宇宙の終わりのシナリオもまた変わってくるわけですか。

そうです。このような，まだ知られていない未知の粒子が存在するのかどうかをたしかめる意味でも，大規模サーベイ観測は非常に重要なのです。

単にダークエネルギーの解明のためだけじゃなく，新たな発見のためのプロジェクトでもあるわけなんですね。

そうなんです。
アメリカ，テキサス大学のホビー・エバリー望遠鏡（口径10メートル）を使った銀河サーベイプロジェクトHETDEX（ヘットデックス：the Hobby-Eberly Telescope Dark Energy Experiment）では，SuMIReよりさらに遠い104億光年〜121億光年先の銀河を観測し，ダークエネルギーの密度を調べるとともに，ハッブル定数の不一致問題を解決することも目指しています。

121億光年先ですか!?
ものすごく遠くの銀河を調べるんですね。

このように，この宇宙はどんな未来を歩むのか，その手がかりをつかむため，現在，世界中でさまざまな研究が行われています。
2020年代は，私たち人類がこの宇宙の未来について飛躍的に理解を深める最初の10年となるかもしれません。
「どんなことにだって終わりはある。どんな終わり方をするかだ ——（映画『復活の日』より）」。
さて，これで宇宙の終わりを考える旅はおしまいです。
壮大だったでしょう？

ええ。宇宙の終わりについていろいろうかがってきましたけれど，気が遠くなる歳月や，想像もできない現象ばかりで，おどろきました。
宇宙の終わりを知ることは少しこわいですが，それよりもここまで最先端の研究が進んでいてもなお「未知の物質があるかもしれない」だなんて，あらためて，宇宙の底知れないスケールに胸が震えました。
先生，どうもありがとうございました！

索引

A～Z

あ

索引

か

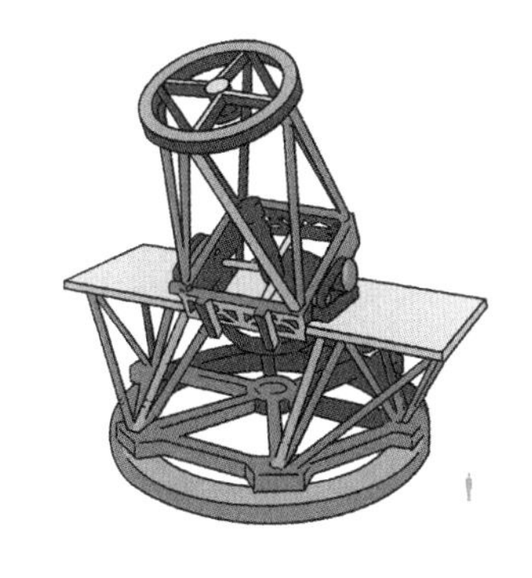

さ

た

な

は

ま〜や

ら〜わ

シリーズ第29弾!!

やさしくわかる！

文系のための
東大の先生が教える

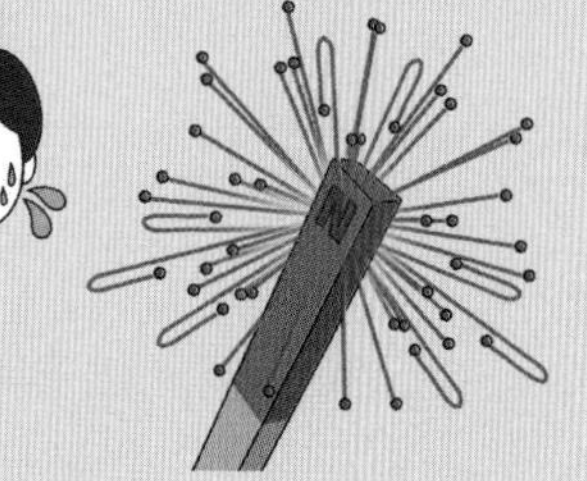

素粒子

2023年4月上旬発売予定　A5判・304ページ　本体1650円（税込）

この宇宙はいったい何でつくられているのでしょうか？　学校の授業で，あらゆる物質は「原子」という小さな粒子でできていると習ったことがあるかもしれません。では，その原子は，何でできているのでしょうか？　そうやってどこまでも細かく見ていったとき，最終的に行き着く最小の粒子が「素粒子」です。素粒子こそ，この宇宙をつくる根源なのです。

素粒子は物質をつくるだけではありません。自然界でおきるあらゆる現象を引きおこします。素粒子がさまざまな力を生み，たがいに影響をおよぼしあうことで，この自然界という劇が進行していくのです。この自然界を真に理解するために，物理学の最先端で，素粒子の素性を暴くための研究が進められています。

本書では，素粒子の基本と，最先端で行われている研究について，生徒と先生の対話を通してやさしく解説します。この宇宙の成り立ちにせまる素粒子物理学の不思議な世界を，どうぞお楽しみに！

主な内容

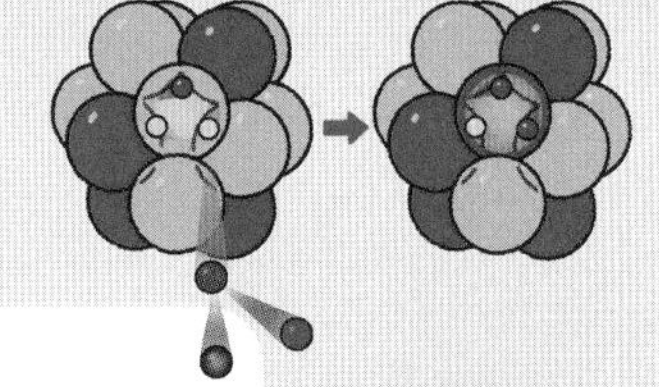

イントロダクション

素粒子って何？
発見されている素粒子は17種類

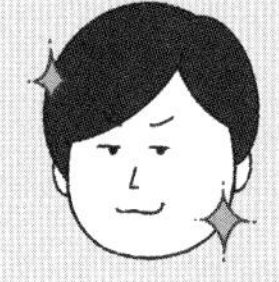

あらゆるものは素粒子でできている

素粒子はこうして見つかった
消えた反物質の謎

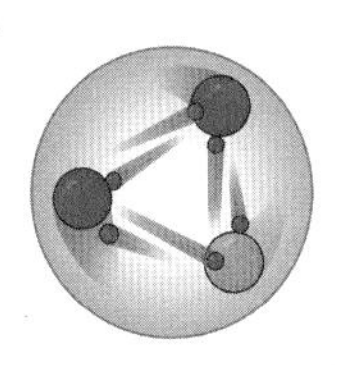

あらゆる力は素粒子が生む

身近な力「重力」と「電磁気力」
物理学の目標「四つの力の統一」

ヒッグス粒子から超対称性粒子へ

万物に質量をあたえるヒッグス粒子
未発見の超対称性粒子

Staff

Editorial Management　中村真哉
Editorial Staff　井上達彦，宮川万穂
Cover Design　田久保純子
Writer　小林直樹

Illustration

表紙カバー　松井久美
表紙　松井久美
生徒と先生　松井久美
4~11　松井久美
　羽田野乃花
　Newton Press
13　松井久美
14　岡田悠梨乃
15　松井久美
17~19　岡田悠梨乃
20-21　羽田野乃花
23　Newton Press
24-25　松井久美
27~28　岡田悠梨乃
29　松井久美
31~32　岡田悠梨乃
33　松井久美
35　Newton Press
36　羽田野乃花
37~41　松井久美
42　佐藤蘭名
45　羽田野乃花
46　松井久美
47　岡田悠梨乃
48　羽田野乃花
　松井久美
54　岡田悠梨乃
56~58　松井久美
60~67　Newton Press
68　松井久美
69~71　岡田悠梨乃
72-73　Newton Press
　岡田悠梨乃
74　岡田悠梨乃
76-77　Newton Press
79　松井久美
80-81　Newton Press
83　松井久美
85　岡田悠梨乃
86~97　松井久美
99~100　Newton Press
101　松井久美
102-103　Newton Press
105~106　羽田野乃花
108-109　Newton Press
111　羽田野乃花
112-113　Newton Press
114~117　羽田野乃
118　松井久美
120~134　Newton Press
135　羽田野乃
136-137　Newton Press
138　羽田野乃花
140　Newton Press
142~143　松井久美
146~161　Newton Press
162~163　羽田野乃花
164-165　松井久美
166-167　Newton Press
169　岡田悠梨乃
171　Newton Press
172-173　岡田悠梨乃
175　松井久美
176-177　Newton Press
180　岡田悠梨乃
182~185　Newton Press
186　岡田悠梨乃
　松井久美
189~191　岡田悠梨乃
193　松井久美
194~200　岡田悠梨乃
202~209　松井久美
212~217　岡田悠梨乃
220-221　Newton Press
　羽田野乃花
222　羽田野乃花
224~225　松井久美
228-229　Newton Press
231　松井久美
232-233　Newton Press
236~238　岡田悠梨乃
240　松井久美
244-245　Newton Press
248　羽田野乃花
250~257　Newton Press
260~262　羽田野乃花
　松井久美
265　Newton Press
267　羽田野乃花
268　松井久美
271　Newton Press
272~282　羽田野乃花
284　岡田悠梨乃
286　松井久美
288　佐藤蘭名
290　松井久美
292　羽田野乃花
297　松井久美
298~301　Newton Press
　松井久美
302~303　羽田野乃花

監修（敬称略）：
横山順一（東京大学大学院教授）

やさしくわかる！
文系のための 東大の先生が教える
宇宙の終わり

2023年3月20日発行

発行人　高森康雄
編集人　中村真哉
発行所　株式会社 ニュートンプレス　〒112-0012東京都文京区大塚3-11-6
https://www.newtonpress.co.jp/

ISBN978-4-315-52678-3